高等职业教育土木建筑大类专业系列规划教材

建筑材料选型与构造设计实训指导

刘　岚　青　宁 ▣ 主　编

陈大昆 ▣ 副主编

U0203250

清华大学出版社

北　京

内 容 简 介

本书是整合了高职建筑设计技术专业群所涵盖的建筑设计专业、建筑室内设计专业、风景园林设计专业设置的"建筑构造设计与材料应用"课程实训任务的实践性教材。本书以建筑构造设计为主线,将建筑材料的内容融入构造设计中,从实践性教学环节着手,以课程职业能力为依据,按照职业岗位和职业能力培养的要求,培养学生的动手能力和实践能力,提高学生对所学知识的实际应用能力。本书共分为 15 个实训任务,主要内容包括建筑主体及装饰材料认知调研、外墙、内墙、楼地面、室内顶棚(吊顶)、室外地面(硬质铺装)、楼梯、平屋面防排水、坡(瓦)屋面防排水、绿化屋面、变形缝、门、窗、阳台及雨棚、无障碍卫生间构造设计等,各专业可根据专业特点与技能需求遴选模块组织教学。

本书可作为高职高专院校建筑设计专业群的教材和教学参考书,也可作为建筑工程技术人员、设计人员和管理人员的参考用书。

本书封面贴有清华大学出版社防伪标签,无标签者不得销售。

版权所有,侵权必究。 举报:010-62782989,beiqinquan@tup.tsinghua.edu.cn。

图书在版编目(CIP)数据

建筑材料选型与构造设计实训指导/刘岚,青宁主编. —北京:清华大学出版社,2019(2021.8重印)
(高等职业教育土木建筑大类专业系列规划教材)
ISBN 978-7-302-51152-6

Ⅰ.①建… Ⅱ.①刘… ②青… Ⅲ.①建筑材料—选型—高等职业教育—教材 ②建筑构造—建筑设计—高等职业教育—教材 Ⅳ.①TU5 ②TU22

中国版本图书馆 CIP 数据核字(2018)第 203215 号

责任编辑:杜 晓
封面设计:曹 来
责任校对:刘 静
责任印制:丛怀宇

出版发行:清华大学出版社
    网 址:http://www.tup.com.cn,http://www.wqbook.com
    地 址:北京清华大学学研大厦 A 座   邮 编:100084
    社 总 机:010-62770175   邮 购:010-62786544
    投稿与读者服务:010-62776969,c-service@tup.tsinghua.edu.cn
    质量反馈:010-62772015,zhiliang@tup.tsinghua.edu.cn
    课件下载:http://www.tup.com.cn,010-62770175-4278
印 装 者:北京嘉实印刷有限公司
经 销:全国新华书店
开 本:185mm×260mm 印 张:7.5   字 数:178 千字
版 次:2019 年 1 月第 1 版   印 次:2021 年 8 月第 3 次印刷
定 价:39.00 元

产品编号:077533-01

前　言

国家新型城镇化、新型工业化等经济发展战略举措,加快推进建筑产业的转型升级,建筑技术的新材料、新技术、新工艺等迅猛发展和应用推广,对高职建筑类专业高端技能型人才培养提出了新的要求。

本书以适应专业基础相通、技术领域相近、职业岗位相关的建筑设计技术专业群核心共享课程建设需要,对接行业标准及技术规范要求,整合建筑设计、建筑室内设计、风景园林设计等专业在建筑施工图设计阶段的实际项目资源,将建筑材料应用与构造设计进行理实一体的整体化实训设计。本书以实际工程项目为载体,以墙身、楼地面、楼梯、屋面、变形缝、门、窗、阳台及雨棚、无障碍设施等为主线打造模块化构造设计任务指导书,切入常用建筑材料选型及构造设计的技术规范要求,使学生深入理解材料与构造关系、材料应用及构造设计的专业要求,能够举一反三地掌握构造设计的专业表达方法,结合实际工程图例,能直观理解并通过训练掌握常见建筑材料应用于构造设计的技术要点,具有实训的系统性、实施的有效性、专项的针对性,是直指建筑材料应用及构造设计重点、难点的专项训练,做到专业实训教学与实际需求相结合。

本书由湖南城建职业技术学院刘岚、山东城市建设职业学院青宁分别担任第一、二主编,确定本书主体框架内容,指导并审核编写成果;湖南城建职业技术学院陈大昆担任副主编,负责组织分工协调,确保编写工作按计划步骤要求完成;本书由刘岚、青宁、陈大昆、曾争、邹海鹰、王俊翔、隆正前、杨卉共同合作编写完成。本书在编写过程中参考并借鉴了现行规范及设计标准图集的相关图片资料,书中任务载体来自于湖南省某大型建筑设计公司住宅和公共建筑的实际工程案例,在此一并致以衷心的感谢。

由于编写水平有限,书中难免存在不足和疏漏之处,敬请读者批评、指正。

编　者
2018 年 8 月

前　言

目　录

实训 1 建筑主体及装饰材料认知调研

1.1 实训目的与要求

学生通过完成建筑(装饰)材料调研任务,初步了解材料在建筑中的应用、建筑材料类型及其作用、建筑材料与构造的关系,培养专业资料收集与归纳能力、团队协作能力,为建筑构造设计与材料应用方面的专业课程学习打下认知基础,为今后专业设计积累相关材料特性和应用知识。

(1) 通过不同类型建筑现场调研,分析建筑材料应用与当地环境、地域文化、文脉等的关联性。

(2) 通过不同性质建筑特征调研与分析,总结建筑材料应用与建筑设计理念的关联性。

(3) 调研分析各类建筑造型设计及其构成艺术特色,分析建筑材料的规格、色彩、质地特征与造型设计的关联性。

(4) 通过实地考察初步了解建筑材料与建筑结构、建筑构造技术、建筑设备、建筑施工等方面的关联性。

(5) 结合建筑调研成果,实地调研建材市场,初步了解建筑材料分类、应用范围及市场需求方向。

(6) 培养团队协作能力,学会收集和归纳整理专业资料,掌握专业资料调研报告的制作步骤和方法,学会采用 PPT 及专业语言进行专业调研汇报。

1.2 调 研 任 务

根据以下条件,完成建筑主体材料和建筑装饰材料两项专题调研报告。

1. 完成建筑主体材料调研与分析

要求学生依照老师给定的建筑主体结构类型(含砖混结构、框架结构、钢结构、木结构等)设定的子任务,分别找出一幢建筑物进行参观并查明建筑名称、建筑类型及其规模、建造年代、建筑地形地貌、结构类型、建筑构造、施工方式以及主体结构的使用材料名称和材料性能,要求对参观对象及各部位材料拍照。根据调研结果编制"建筑主体材料认识调查报告",内容包括建筑主要构造使用材料的名称、性能及实景照片等,对主体结构材料的力学性能及选用原则进行初步探讨性汇报。

2. 完成建筑装饰材料调研与分析

要求学生对居住建筑及公共建筑各一幢进行实地参观,依照建筑装饰装修构造分类(基础、墙体、楼地面、楼梯、屋面、门窗、无障碍构造、变形缝等)设定的子任务进行建筑装饰材料调研分析,查明建筑名称、建筑类型及其规模、建造年代、建筑环境、地域特色、设计理念及各类构造的使用材料名称和材料性能,要求对参观对象及各构造部位材料拍照。根据调研结果编制"建筑装饰材料认识调查报告",内容包括建筑主要构造使用材料的名称、性能、规格、色彩、质地及实景照片等,对建筑装饰材料的性能及基本选用原则进行初步探讨性汇报。

1.3　调研组织方式

(1) 学生根据调研任务主题分两大组,采取组长负责制,2~3人为1个小组,选取完成1个调研对象的主题调研任务的子任务。

(2) 各小组在老师指导下确定调研对象,查阅相关信息,拟定调研工具,明确个人分工任务,制订并提交调研计划。

(3) 调研过程由组长负责,按各成员任务分工现场选取调研部位,以拍照、摄像、手绘等形式适时记录材料的规格、尺寸、高度、色彩、质地、构造关系等信息,并进行分析、归纳和总结。

1.4　调 研 对 象

调研对象拟定为当地城镇的居住建筑、公共建筑、古建遗址、城市公园、城市广场等。可以选择以下两项内容中的一项进行调查。

1. 居住建筑

选取砖混结构、剪力墙结构、框架结构的多层住宅、高层住宅、宿舍、公寓等类型。

2. 公共建筑

(1) 选取框架结构、木结构、钢结构、网架结构等的商业建筑、古建筑、高层建筑、体育建筑等类型。

(2) 选取设计理念、文化特征、造型及装饰风格等特色鲜明的公共建筑、城市广场、公园小品、古建遗址等。

1.5　成 果 要 求

1. 小组完成建筑主体材料及建筑装饰材料调查表各一份(包括电子版和纸质版)

内容主要包括:各主体结构类型建筑主要构件使用的材料名称、材料性能、材料照片等;建筑各构造部位的装饰与装修材料的名称规格及性能、色彩质地及材料照片等(表1-1和表1-2)。

表 1-1 建筑主体材料调研表

调研对象名称	调研主体结构类型(每小组任选其一)	材料应用构造部位	材料名称	材料性能	材料照片
×××	结构类型1：砖混结构	墙体			
		构造柱			
		梁			
		楼面			
		屋面			
		楼梯			
×××	结构类型2：框架结构	墙体			
		结构柱			
		梁			
		楼面			
		屋面			
		楼梯			
×××	结构类型3：钢结构	墙体			
		结构柱			
		梁			
		楼面			
		屋面			
		楼梯			
×××	结构类型4：木结构	墙体			
		结构柱			
		结构梁			
		楼面			
		屋架			
		楼梯			

表 1-2 建筑装饰材料调研表

调研对象名称	材料应用部位(每小组任选一组)		装饰材料名称	材料性能	材料规格尺寸/mm	材料色彩	材料质地	材料照片	建材市场同类装饰材料对比		
									类别	规格	色彩质地
×××	组一	墙体									
		柱									
		梁									
	组二	地面									
		楼面									
		屋面									
	组三	楼梯									
		阳台或走廊栏杆扶手									
		雨棚									
	组四	门									
		窗									
		无障碍设施									

2. 小组完成调研成果汇报(1 份/组)

要求采用PPT演示文档形式,结合调研资料和调研成果内容,组长负责组织调研成果汇报内容排序及页面排版。内容要展现调研过程记录、程序、调研成果及收获与体会,突出每组团队协作的独特风采。内容要求如下。

（1）封面：包含主标题（"建筑主体及装饰材料认知调研报告"）、副标题（参观对象、选取的主体结构类型及构造部位）、落款（班级、小组成员、指导老师、完成时间）等内容。

（2）目录。

（3）内容：包含调研对象简介（含建筑名称、建筑类型及其规模、建造年代、建筑环境、地域特色、设计理念）、主体结构类型及主要构造材料、建筑构造装饰材料、建材市场同类材料比较分析、材料基本应用原则分析、调研成果、调研心得体会。

（4）调研成果主要内容：按目录内容排序，要求图文并茂，图片为主，文字为辅。

（5）调研心得体会：深入阐明个人观点、小组特色及专业思考。

1.6 考核方案

考核方案见表 1-3。

表 1-3 "建筑主体及装饰材料认知调研"专项能力训练考核表

序号	学生姓名	考核方式	评价内容及能力要求				评分	权重	成绩
			出勤率	训练表现	训练内容质量及成果	问题答辩			
			只扣分不加分	10分	60分	30分			
			1. 迟到一次扣2分，旷课一次扣5分 2. 缺课1/3学时以上该专项能力不记分	1. 学习态度端正(4) 2. 积极思考问题、动手能力强(6)	1. 满足任务书要求(20) 2. 建筑主体结构建筑材料认识部分50%(20) 3. 建筑装饰装修工程材料认识占50%(20)	1. 正确回答问题(20) 2. 结合实践、灵活运用(10)			
1	×××	学生自评						30%	
		学生互评						30%	
		教师评阅						40%	

小组调研过程记录表见表 1-4 和表 1-5。

表 1-4 调研小组分工记录及评价表（每组 1 表）

小组成员	任务分配内容	使用调研工具材料	分工成果	分工任务完成情况		调研全过程评价（小组自评）
				自检	小组评价	
组长						
组员						
小组成员签名						

表 1-5　调研成果检查表（每组 1 表）

调研环节	阶段成果		实际采用设计操作措施	实际使用工具、材料	时间安排	小组工作态度	成果检查重点			检查结果是否达标		
										自检	互检	师检
										20%	30%	50%
调研策划	调研方案						可操作性	协作性	优化			
调研阶段	调研过程记录（草图、影像等）						分工完成情况	团队协作情况	真实性			
调研成果制作	调研报告	组员名单 1					专业图示表达	专业文字表达	创新性			
		组员名单 2										
	PPT 报告						专业表达	专业语言表达	创新性			

自评结果分析：

建议改善方案：

组长签名：

时　　间：

教师考核评价：

建议改善方案：

教师签名：

时　　间：

实训 2 外墙构造设计

2.1 实训目的与要求

外墙构造设计是施工图表达的重要内容之一。学生通过学习本实训,了解墙体建筑材料与外墙装饰材料,掌握除基础、屋顶檐口外的外墙剖面构造,训练绘制施工图的能力,掌握墙体中几个重要节点(包括墙脚、窗台、窗过梁、墙与楼地面交接处等)的构造处理及表达方法,并提高施工图绘制与表达能力。

(1) 初步了解墙体、楼地面构造知识。

(2) 掌握在建筑剖面上墙体与其他构造组成部分的连接方法、构造要求及常见做法。

(3) 掌握如何从建筑施工图的角度表达建筑剖面详图。

(4) 了解墙体节能构造的基本知识。

(5) 学会在分析问题的过程中,寻求解决方案,如知识的自我完善,工程实践的基本处理方案。

2.2 设 计 任 务

根据以下条件,完成建筑外墙构造设计。

(1) 某市一综合楼,四层,框架结构,立面图和平面图如图 2-1~图 2-3 所示。

图 2-1

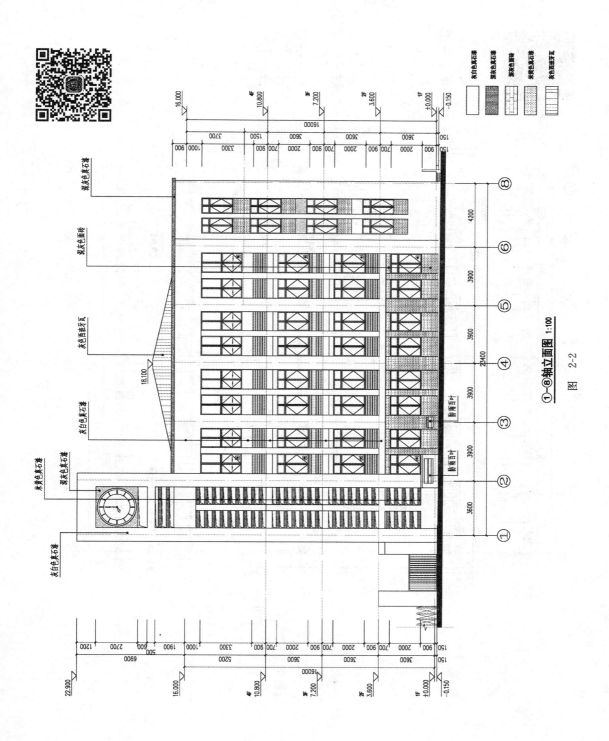

①—⑧轴立面图 1:100

图 2-2

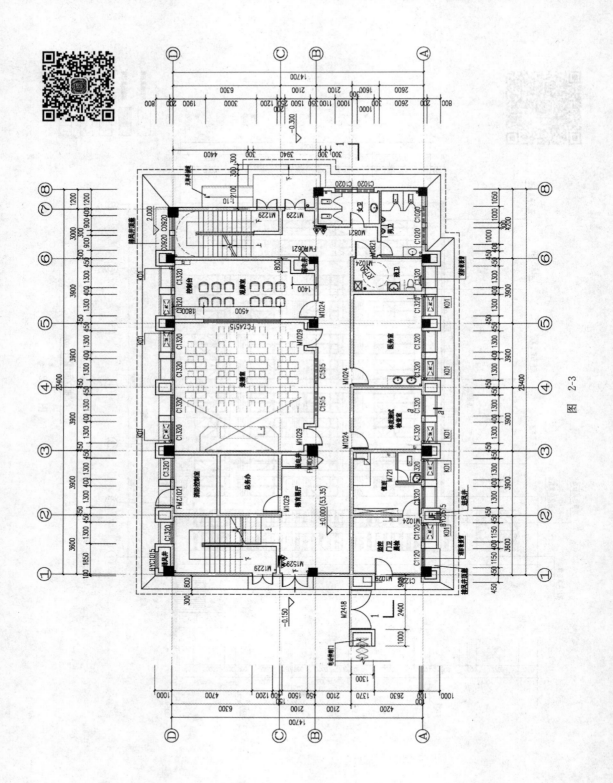

图 2-3

（2）墙身主体为烧结页岩多孔砖，墙体厚度取 240mm。

（3）采用现浇钢筋混凝土楼板、现浇过梁。

（4）门、窗材料自定。窗面积应该符合采光要求。

（5）地面做法、散水、踢脚线等可以自定。

（6）外墙构造做法如下（由内至外）。

- 20 厚 1∶3 水泥砂浆；
- 240 厚烧结页岩多孔砖；
- 15 厚 1∶3 水泥砂浆找平；
- 5 厚聚合物砂浆；
- 60 厚半硬质矿（岩）棉板（墙体）；
- 5 厚聚合物抗裂砂浆（敷设耐碱玻纤网格布一层）；
- 15 厚 1∶3 水泥砂浆；
- 真石漆面层喷涂（三层）。

（7）材料图例见图 2-4。

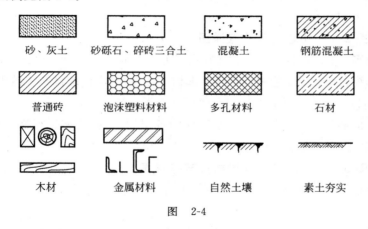

图　2-4

2.3　成　果　要　求

成果形式为 2 号图纸一张，钢笔墨线绘制，图纸内容及要求如下。

1．墙身大样图（墙身剖面节点详图）

按平面图（图 2-3）上详图 *a—a* 剖切位置画出 A 轴线墙体三个墙身节点详图，即：墙脚、窗台处和过梁及楼板层节点详图。布图时，要求按照顺序将 1、2、3 节点从下到上布置在同一条垂直线上，共用一条轴线和一个编号圆圈。

2．外墙构造设计节点详图的绘制要求

（1）按 1∶10 比例完成外墙节点详图绘制。

（2）详图编号：画完该节点详图后，在详图的右下角画详图编号圆圈，然后在编号圆圈的右侧注写详图比例。

（3）墙面装修部分：画出墙身、勒脚、踢脚等处内外墙饰面厚度，并用材料符号表示出来。在定位轴线两边分别标注砖墙厚度。

3. 节点详图1——外墙墙脚节点详图

（1）详图范围：下部画到基础顶面；上部画到底层的踢脚板；左边画出散水和一部分室外地坪；右边画出一部分底层室内地层。上、下、右三方要用折断线折断。

（2）水平防潮层部分：绘制水平防潮层，注明其材料和做法，标注水平防潮层与底层室内地面间的距离，以及水平防潮层标高。

（3）散水、勒脚和室外地面部分：绘制室外地面，标注室外地面标高。绘制勒脚，标注勒脚的高度尺寸和材料做法；按照构造层次画出散水构造，根据制图规范用层次构造引出线标注散水材料、做法以及各层次的厚度尺寸；标注散水的宽度、流水方向和坡度大小，散水与勒脚墙之间的变形缝构造处理要交代清楚。

（4）室内地层以及踢脚板部分：按照构造层次绘制室内地面构造，用层次构造引出线标注室内地层材料、做法以及各层次的厚度尺寸；标注室内地面标高。绘制室内踢脚，标注踢脚的高度尺寸和材料做法。

4. 节点详图2——外墙窗台节点详图

（1）详图范围：下部画到窗台；上部画到窗下框。上、下要用折断线折断。

（2）窗台和窗台板部分：绘制窗台的细部构造，表示出窗台的材料和做法；标注窗台的厚度、宽度、坡向以及坡度大小；标注窗台的标高。做出滴水构造。

（3）墙身饰面部分：绘制墙身内外墙饰面的各层构造，并用构造层次引出线标注各层次的材料、做法以及厚度尺寸。

5. 节点详图3——外墙过梁及楼板层节点详图

（1）详图范围：下部画到下层窗上框；上部画到上层的踢脚板。上、下要用折断线折断。

（2）窗过梁部分：绘制钢筋混凝土过梁的细部构造，标注过梁的材料符号以及相关尺寸；标注过梁下表面标高。

（3）圈梁部分：一般圈梁可以兼用作过梁，此时圈梁的画法与过梁画法类似；如果圈梁和过梁分开设计，则需要画出圈梁的材料符号，并标注有关圈梁的尺寸。

（4）楼板层部分：按照构造层次画出楼板层的各层构造，并用构造层次引出线标注楼板层各层次的材料、做法以及厚度尺寸；标注楼面标高。

（5）楼面踢脚板部分：画出踢脚板的材料符号，并标注其高度尺寸。

2.4 参考工程案例

工程案例见表2-1。

表 2-1 工程案例

贴面类外墙构造

墙厚
5,15,d
- 基层墙体
- 聚氨酯防潮底漆
- 聚氨酯硬质泡沫塑料
- 轻骨料找平层
- 热镀锌钢丝网(用塑料锚固件双向@300锚固)
- 抗裂砂浆
- 面砖黏结砂浆
- 面砖

砖砌暗沟构造

20厚1:2.5水泥砂浆粉面
砖砌体，M5水泥砂浆砌筑
70厚C10混凝土
素土夯实
室外地坪
盖板
(A) (B)
80,20 70 60
30 60
120
30 320 260
630 690
50 120 250 190 30 60
3%~5% 60 20
09
- 外墙保温及饰面做法见各单项设计
- 填建筑嵌缝膏
- 起点深度
- 砖砌体
- 聚苯乙烯泡沫衬条
- 背衬
- 防潮层
- 室内标高±0.0000

涂料类外墙面构造

墙厚
5,15,d
- 基层墙体
- 聚氨酯防潮底漆
- 聚氨酯硬质泡沫塑料
- 聚氨酯颗粒界面剂
- 15厚聚苯颗粒浆复合面层
- 3~5厚抗裂砂浆加一层耐碱网布(首层加一层，柔性腻子)
- 强性底涂，柔性涂料
- 外墙涂料

幕墙类外墙面构造

- 结构墙体
- 找平层
- 保温层
- 防水层
- 面板
- 挂件
- 竖向龙骨
- 连接件
- 锚栓

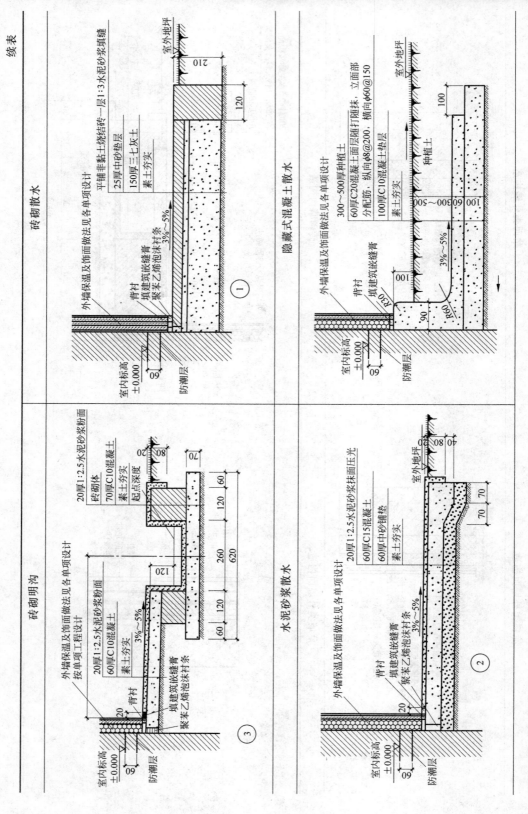

续表

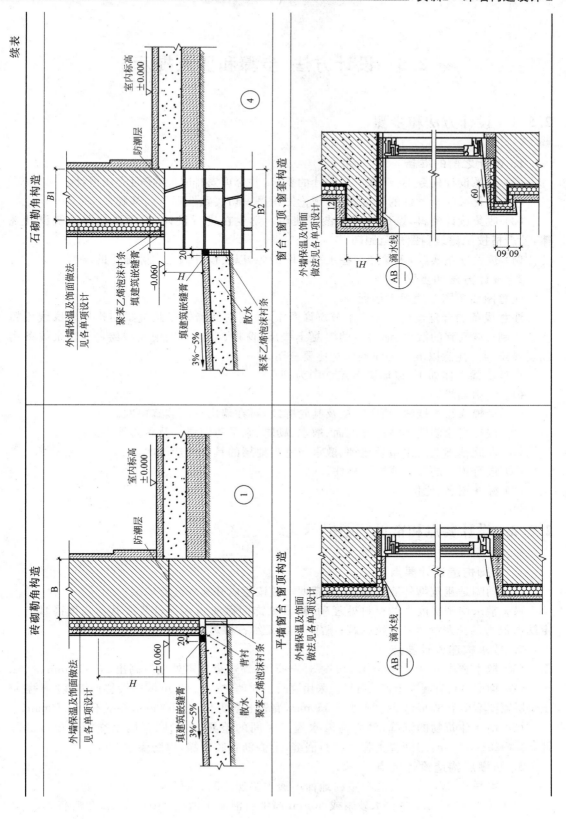

2.5　设计方法、步骤和要点提示

2.5.1　设计方法和步骤

1. 设计之前的准备

（1）熟悉设计任务书，理解本次设计的要求，并合理安排时间，按时完成设计。

（2）消化吸收所学过的理论知识，理论知识是一切实践性环节的基础。

（3）收集设计资料，设计时可以参考使用。学生在进行设计时，不要违背建筑设计规律，要严格按照建筑制图规范制图。

（4）理论联系实际，多参加一些工程实践锻炼，以使设计满足实际施工的需要。

2. 设计方法和步骤

注意图面布图合理而不局促。

注意线条的合理运用。在三个节点详图中，被剖到的墙体以及过梁结构外轮廓线用粗实线绘制；被剖到的散水、地层中的混凝土垫层、窗框、楼板等用中实线绘制；其余线条用细实线绘制。注意以上三种线型的对比要分明。

设计步骤大体如下（以墙脚节点详图为例）。

（1）绘制轴线。

（2）沿轴线绘出墙线，画出窗框及其轮廓线，再在墙内外画装修层次。

（3）按标高绘制墙体室内外地面、散水、勒脚、水平防潮层以及踢脚等构造。

（4）在此基础上绘出室外地坪、散水与室内地层的具体构造层次。

（5）进行相关的尺寸或文字标注。

（6）标注图名、比例。

2.5.2　设计要点和常见问题提示

1. 勒脚构造设计要点

（1）勒脚是建筑物外墙的墙脚，其高度一般按室内外地坪高差取值。

（2）常采用密实度大的材料处理勒脚，常见饰面做法为水泥砂浆或其他强度高具有一定防水能力的抹灰处理；石块砌筑；贴面砖或天然石材。

2. 散水构造设计要点

（1）散水宽度 600～1000mm，坡度 3%～5%，外边缘比室外地坪高出 20～30mm。

（2）面层材料有混凝土、砖、石等。采用混凝土时，宜按 20～30m 间距设置伸缩缝。一般灰土垫层宽度不小于 800mm，厚度不小于 150mm，混凝土宽度不小于 600mm，厚度不小于 50mm。

（3）由于建筑物的沉降，勒脚与散水施工时间的差异，在勒脚与散水交接处应设分隔缝，缝宽 20～30mm，用沥青类弹性材料嵌缝，上嵌沥青胶盖缝，以防渗水。

3. 防潮层构造设计要点

（1）水平防潮层高度设置在室内地面不透水垫层之间，一般为 −0.060m 处。

可采用 20～25mm 厚防水砂浆或 60mm 厚细石混凝土内配 3Φ6 或 3Φ8 钢筋。

（2）当设置钢筋混凝土地梁时，可将地梁设置在相应高度，用地梁兼做防潮层。

4．踢脚构造设计要点

（1）踢脚高度一般为 120～150mm。为了突出墙面效果或防潮，可将其延伸至 900～1800mm，形成墙裙。

（2）常见的饰面材料有水泥砂浆、水磨石、大理石、陶板、木踢脚等。

5．窗台构造设计要点

（1）外窗台要做好节点防水构造，同时内窗台应比外窗台高出 20mm。

（2）突出墙面的窗台面应做坡度不小于 3％向外的排水坡，下部要做滴水，与墙面交角处做成直径 100mm 的圆角。

6．过梁构造设计要点

（1）一般采用预制或现浇的钢筋混凝土梁。

（2）宽度与墙厚一致，或做成 L 形断面，高度与砖墙皮数相适应，有 60mm、120mm 和 180mm 等。

7．内、外墙饰面，楼地层饰面做法

内、外墙饰面，楼地层饰面做法要适合所设计的建筑物，并参考当地的工程设计做法图集，居住建筑应将外墙的节能保温构造交代清楚。

2.6 考核方案

考核方案见表 2-2。

表 2-2 "外墙构造设计"专项能力训练考核表

序号	学生姓名	考核方式	评价内容及能力要求				评分	权重	成绩
			出勤率	训练表现	训练内容质量及成果	问题答辩			
			只扣分不加分	10分	60分	30分			
1	××××	学生自评	1. 迟到一次扣2分，旷课一次扣5分 2. 缺课1/3学时以上该专项能力不记分	1. 学习态度端正（4） 2. 积极思考问题、动手能力强（6）	1. 满足任务书要求（20） 2. 符合国家有关制图标准要求（尺寸标注齐全、字体端正整齐、线型粗细分明）（10） 3. 构造合理可行、图面表达清晰、图示内容表达完善（20） 4. 运用科学方法，构造合理可行（10）	1. 正确回答问题（20） 2. 结合实践、灵活运用（10）		30％	
		学生互评						30％	
		教师评阅						40％	

实训 *3* 内墙构造设计

3.1 实训目的与要求

内墙构造设计是施工图表达的重要内容之一。学生通过学习本实训，掌握轻钢龙骨石膏板隔墙木质饰面板、扪皮软包饰面构造做法，能熟练地绘制轻钢龙骨隔墙木质罩面板饰面、扪皮软包饰面的分层构造图及细部节点构造图，并提高施工图绘制与表达能力。

（1）初步了解墙体、楼地面基础构造知识。

（2）掌握在装饰施工图中剖面上墙体不同材料与其他构造组成部分的连接方法和构造要求及常见做法。

（3）掌握如何从装饰施工图的角度表达装饰剖面详图。

（4）了解内墙隔墙吸声隔声做法表达的基本知识。

（5）学会在分析问题的过程中，寻求解决方案，如知识的自我完善，工程实践的基本处理方案。

3.2 设 计 任 务

根据以下条件，完成建筑内墙构造设计。

（1）已知某酒店客房内部隔墙床头背景饰面为木饰面和扪皮软包饰面，如图 3-1 所示。试根据此图进行客房内部床头背景墙面的剖面图及细部构造设计（见图 3-2 和图 3-3）。

（2）墙身主体为轻钢龙骨石膏板隔墙，墙体厚度取 200mm。

（3）采用现浇钢筋混凝土楼板、现浇过梁。

（4）门、窗材料自定。窗面积应该符合采光要求。

（5）地面做法为满铺地毯。

（6）轻钢龙骨隔墙木饰面构造做法如下（由内至外）。

• 200 厚轻钢龙骨石膏板隔墙；

• 30mm×40mm 防火木龙骨；

• 15mm 阻燃夹板；

• 2mm 木饰面板；

• 床头板软包。

（7）材料图例见图 3-4。

图 3-1

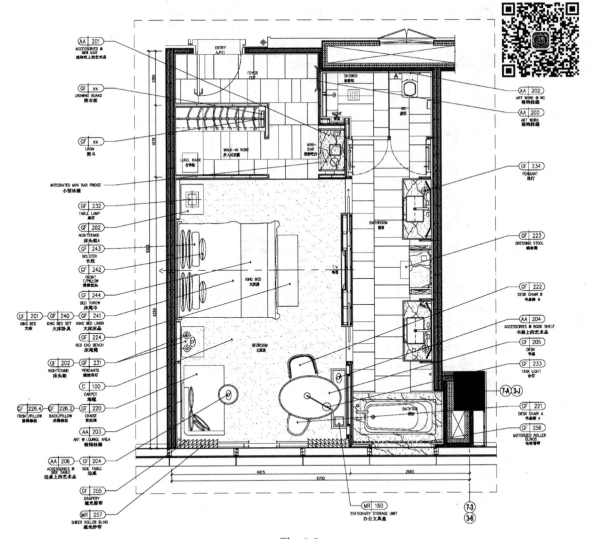

图 3-2

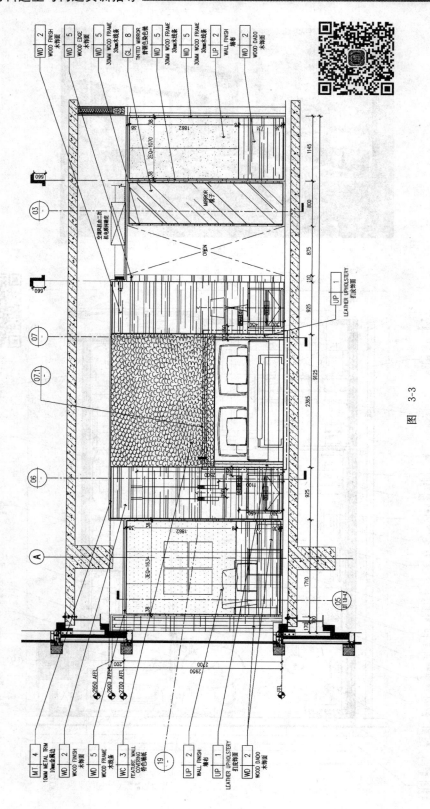

图 3-3

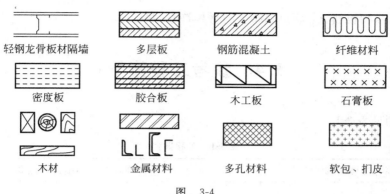

图 3-4

3.3 成 果 要 求

成果形式为 2 号图纸一张,钢笔墨线绘制,图纸内容及要求如下。

1. 墙身大样图(墙身剖面节点详图)

按立面图上剖切位置画出轻钢龙骨石膏板隔墙剖面图及不同材料连接处节点,即:踢脚处、木饰面与金属连接处、镜面与抢杠龙骨隔墙连接构造和软包节点详图。布图时,要求按照顺序将 1、2、3、4 节点依次布置。

2. 内墙构造设计节点详图的绘制要求

(1) 按 1∶10 的比例完成内墙节点详图绘制。

(2) 详图编号:画完该节点详图后,在详图的右下角画详图编号圆圈,然后在编号圆圈的右侧注写详图比例。

(3) 墙面装修部分:画出轻钢龙骨隔墙、木饰面、踢脚等处饰面厚度,并用材料符号表示出来。在定位轴线两边分别标注轻钢龙骨石膏板隔墙厚度。

3. 节点详图 1——踢脚节点详图

(1) 详图范围:下部画到楼板层;上部画到底层的踢脚板;左侧画出走廊墙面饰面散水和一部分走廊地面;右侧画出一部分楼层室内地层。上、下、右三方要用折断线折断。

(2) 室内地层以及踢脚板部分:按照构造层次画出室内地面构造,用层次构造引出线标注室内地层材料、做法以及各层次的厚度尺寸;标注室内地面标高。画出踢脚板,标注踢脚板的高度尺寸和材料做法。

4. 节点详图 2——木饰面与金属连接处节点详图

(1) 详图范围:下部画到楼板层;上部画到顶部完成面。上、下要用折断线折断。

(2) 墙身饰面部分:画出墙身内外墙饰面的各层构造,并用构造层次引出线标注各层次的材料、做法以及厚度尺寸。

5. 节点详图 3——镜面与轻钢龙骨隔墙节点详图

(1) 详图范围:下部画到楼板层;上部画到顶部完成面。上、下要用折断线折断。

(2) 墙身饰面部分:画出墙身内外墙饰面的各层构造,并用构造层次引出线标注各层次的材料、做法以及厚度尺寸。

（3）楼面踢脚板部分：画出踢脚板的材料符号，并标注其高度尺寸。

3.4 参考工程案例

工程案例见表 3-1。

表 3-1 工程案例

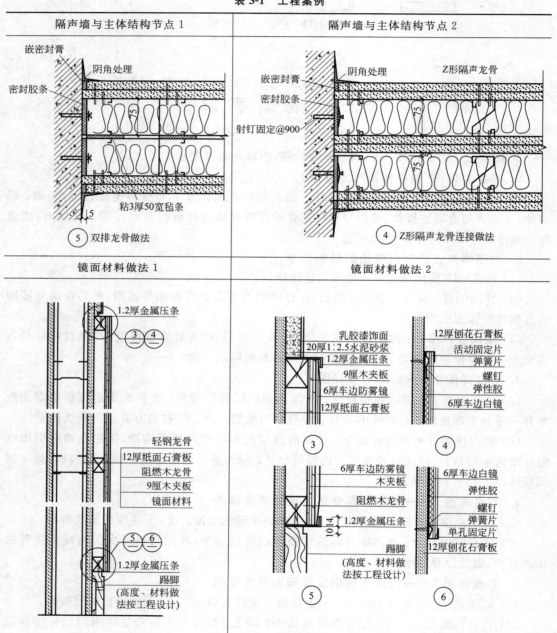

续表

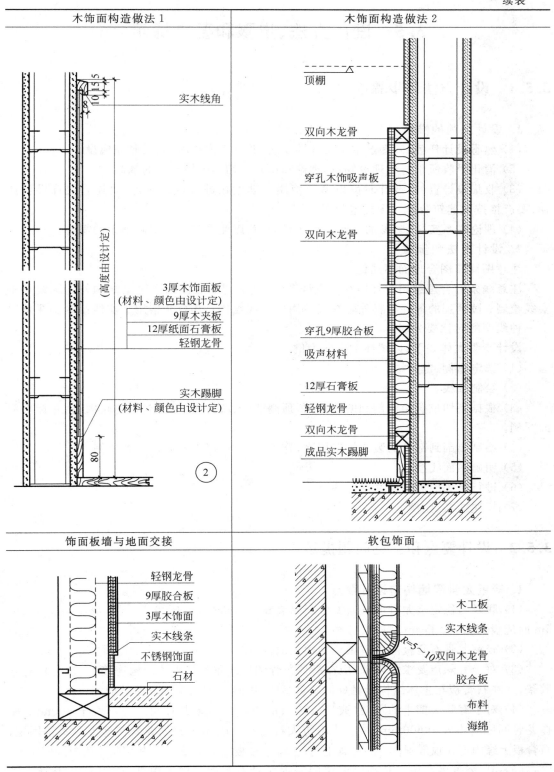

木饰面构造做法 1	木饰面构造做法 2

木饰面构造做法 1：
实木线角
10 15 5
（高度由设计定）
3厚木饰面板
（材料、颜色由设计定）
9厚木夹板
12厚纸面石膏板
轻钢龙骨
实木踢脚
（材料、颜色由设计定）
80
②

木饰面构造做法 2：
顶棚
双向木龙骨
穿孔木饰吸声板
双向木龙骨
穿孔9厚胶合板
吸声材料
12厚石膏板
轻钢龙骨
双向木龙骨
成品实木踢脚

饰面板墙与地面交接	软包饰面

饰面板墙与地面交接：
轻钢龙骨
9厚胶合板
3厚木饰面
实木线条
不锈钢饰面
石材

软包饰面：
木工板
实木线条
R=5~10 双向木龙骨
胶合板
布料
海绵

3.5　设计方法、步骤和要点提示

3.5.1　设计方法和步骤

1. 设计之前的准备

（1）熟悉设计任务书，理解本次设计的要求，并合理安排时间，按时完成设计。

（2）消化吸收所学过的理论知识，理论知识是一切实践性环节的基础。

（3）收集设计资料，设计时可以参考使用。学生在进行设计时，不要违背装饰设计规律，要严格按照建筑装饰制图规范制图。

（4）理论联系实际，多参加一些工程实践锻炼，以使设计满足实际施工的需要。

2. 设计方法和步骤

注意图面布图合理而不局促。

注意线条的合理运用。在四个节点详图中，被剖到的墙体以及过梁结构外轮廓线用粗实线绘制；被剖到的各种材料外轮廓线等用中实线绘制；其余线条用细实线绘制。注意以上三种线型的对比要分明。

设计步骤大体如下（以墙体剖面图为例）。

（1）选定比例、定图幅。

（2）绘制轴线。

（3）根据剖切位置绘制剖到的楼地面、顶棚结构、墙柱面、门窗洞口的轮廓线，并标出剖面图例。

（4）绘制出剖到部分的装饰构造层次，施工工艺、连接方式以及材料图例。

（5）明确图面线型。

（6）进行有关的尺寸或文字标注。

（7）标注图名、比例。

3.5.2　设计要点和常见问题提示

1. 轻钢龙骨隔墙构造设计要点

（1）联系与稳定竖龙骨的贯通龙骨当隔墙高度不超过 3m 时可设一根，隔墙高度在 3～5m 时应设两根，大于 5m 时应设三根。

（2）轻钢龙骨石膏板隔墙应做至结构板地。

（3）对于有隔声要求的隔墙，应在沿顶龙骨和沿地龙骨与主体结构连接处，垫通长隔声胶条，并在石膏板与主体结构接触处嵌填密封胶，中间应填充 50mm 厚玻璃棉。

（4）对于有防火要求的隔墙（或建筑顶层的内隔墙），竖龙骨间距应不大于 400mm，横撑龙骨间距应不大于 600mm，并应使用防火石膏板。隔墙顶部横龙骨与竖龙骨不得固定，石膏板上缘固定在顶部副（覆面）龙骨上，板上端距楼板应大于 20mm，并用防火密封胶嵌实。

（5）卫、浴等多水房间和高潮湿房间轻钢龙骨石膏板隔墙的根部，应用 C15 混凝土做

120mm 高墙基。

（6）石膏板接缝处应使用厂家配套供应的，专用于接缝的嵌缝膏和盖缝带，确保石膏板接缝质量。

（7）当隔墙需要提高隔声效果时，可增加石膏板层数，并在空腔内填隔声材料。填充材料应采用玻璃棉钉固定，上、下满铺，厚度应经过计算。

2. 踢脚构造设计要点

（1）踢脚高度一般为 120～150mm。为了突出墙面效果或防潮，可将其延伸至 900～1800mm，形成墙裙。

（2）常见的饰面材料有水泥砂浆、水磨石、大理石、陶板、木踢脚等。

3.6　考核方案

考核方案见表 3-2。

表 3-2　"内墙构造设计"专项能力训练考核表

序号	学生姓名	考核方式	评价内容及能力要求				评分	权重	成绩
			出勤率	训练表现	训练内容质量及成果	问题答辩			
			只扣分不加分	10分	60分	30分			
			1. 迟到一次扣2分，旷课一次扣5分 2. 缺课 1/3 学时以上该专项能力不记分	1. 学习态度端正(4) 2. 积极思考问题、动手能力强(6)	1. 满足任务书要求(20) 2. 符合国家有关制图标准要求(尺寸标注齐全、字体端正整齐、线型粗细分明)(10) 3. 构造合理可行、图面表达清晰、图示内容表达完善(20) 4. 运用科学方法，构造合理可行(10)	1. 正确回答问题(20) 2. 结合实践、灵活运用(10)			
1	×××	学生自评						30%	
		学生互评						30%	
		教师评阅						40%	

实训 4 楼地面构造设计

4.1 实训目的与要求

楼地面构造设计是建筑室内设计施工图表达的重要内容之一。学生通过学习本实训，能掌握石材与地毯连接构造做法，能熟练绘制浴室的防水构造及隐藏式地漏的构造做法，门槛石的构造做法和地台与玻璃幕墙连接处的节点构造，并提高施工图绘制与表达能力。

（1）初步了解楼地面基础构造知识。

（2）掌握在装饰施工图中地面不同材料与其他构造组成部分的连接方法和构造要求及常见做法。

（3）掌握如何从装饰施工图的角度表达装饰详图。

（4）了解浴室防水构造的做法表达的基本知识。

（5）学会在分析问题的过程中，寻求解决方案，如知识的自我完善，工程实践的基本处理方案。

4.2 设 计 任 务

根据以下条件，完成建筑楼地面构造设计。

（1）已知某酒店客房地面铺装图，如图 4-1 所示。试根据此图进行客房地面铺装的细部节点构造设计。

（2）采用现浇钢筋混凝土楼板。

（3）卫生间地面材料为大理石拼花，客房地面为满铺地毯，门厅地面为大理石拼花。

（4）外墙为玻璃幕墙。

（5）地面做法为满铺地毯。

（6）石材地面铺装构造做法如下（由下至上）。

- 建筑结构楼板；
- 15～20 厚 1∶3 干硬性水泥砂浆找平层；
- 素水泥浆结合层；
- 20 厚石材面层。

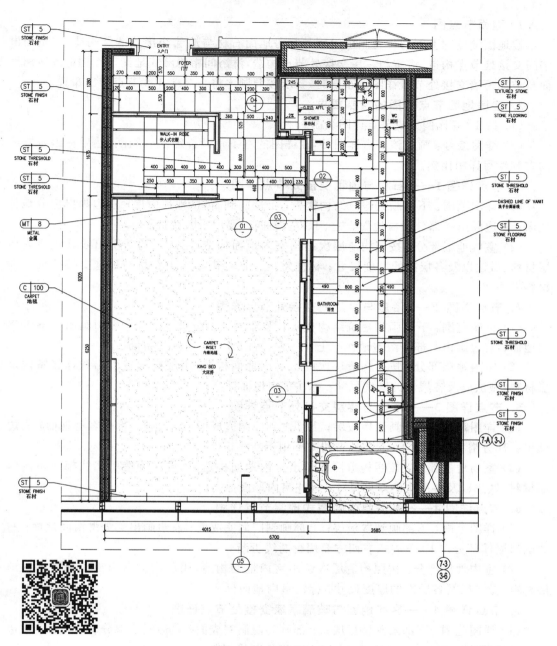

图 4-1

4.3 成果要求

成果形式为3号图纸一张,钢笔墨线绘制,图纸内容及要求如下。

1. 地面节点图

按地面铺装图上剖切位置画出门厅与客房地面石材与地毯交接处节点构造,浴室与淋浴间交接处节点构造,浴室与客房交接处节点构造,淋浴间中隐藏式地漏节点构造及客房地面与玻璃幕墙交接处节点详图。布图时,要求按照顺序将1、2、3、4、5节点依次布置。

2. 客房地面节点详图的绘制要求

(1)按1:5比例完成节点详图绘制。

(2)详图编号:画完该节点详图后,在详图的右下角画详图编号圆圈,然后在编号圆圈的右侧注写详图比例。

3. 节点详图1——石材与地毯交接处节点详图

(1)详图范围:下部画到建筑结构楼板;上部画到石材、地毯面层;左边画出部分地毯地面;右边画出一部分石材地面。上、下、左、右四方要用折断线折断。

(2)室内地层部分:按照构造层次画出室内地面构造,用层次构造引出线标注室内地层材料、做法以及各层次的厚度尺寸;标注室内地面标高。画出石材与地毯交接处尺寸和材料做法。

4. 节点详图2——浴室与淋浴间交接处节点详图

(1)详图范围:下部画到建筑结构楼板;上部画到部分玻璃隔墙;左边画出部分淋浴间地面;右边画出一部分浴室地面。上、下、左、右四方要用折断线折断。

(2)室内地层部分:按照构造层次画出室内地面构造,用层次构造引出线标注室内地层材料、做法以及各层次的厚度尺寸;标注室内地面标高。

5. 节点详图3——浴室与客房交接处节点详图

(1)详图范围:下部画到楼板层;上部画到门洞完成面;左边画出部分客房地面;右边画出一部分浴室地面。上、下、左、右四方要用折断线折断。

(2)室内地层部分:按照构造层次画出室内地面构造,用层次构造引出线标注室内地层材料、做法以及各层次的厚度尺寸;标注室内地面标高。

6. 节点详图4——淋浴间中隐藏式地漏节点详图

(1)详图范围:下部画到楼板层;上部画到门洞完成面;左边画出部分淋浴间地面;右边画出墙体部分。上、下、左、右四方要用折断线折断。

(2)室内地层部分:按照构造层次绘出室内地面构造,用层次构造引出线标注室内地层材料、做法以及各层次的厚度尺寸;标注室内地面标高。

7. 节点详图4——客房地面与玻璃幕墙交接处节点详图

(1)详图范围:下部画到楼板层;上部画到门洞完成面;左边画出部分客房地面;右边画出玻璃幕墙体部分。上、下、左、右四方要用折断线折断。

(2)室内地层部分:按照构造层次绘出室内地面构造,用层次构造引出线标注室内地层材料、做法以及各层次的厚度尺寸;标注室内地面标高。

4.4　参考工程案例

工程案例见表4-1。

表 4-1　工程案例

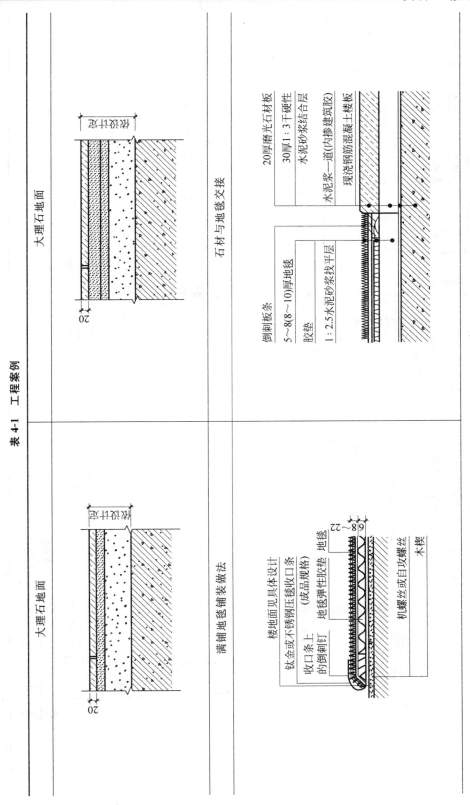

大理石地面

石材与地毯交接

20厚磨光石材板
30厚1:3干硬性水泥砂浆结合层
水泥浆一道(内掺建筑胶)
现浇钢筋混凝土楼板

倒刺板条
5~8(8~10)厚地毯
胶垫
1:2.5水泥砂浆找平层

大理石地面

满铺地毯铺装做法

楼地面见具体设计
钛金或不锈钢压楼收口条(成品规格)
收口条上的倒刺钉
地毯弹性胶垫
地毯
机螺丝或自攻螺丝
木楼

续表

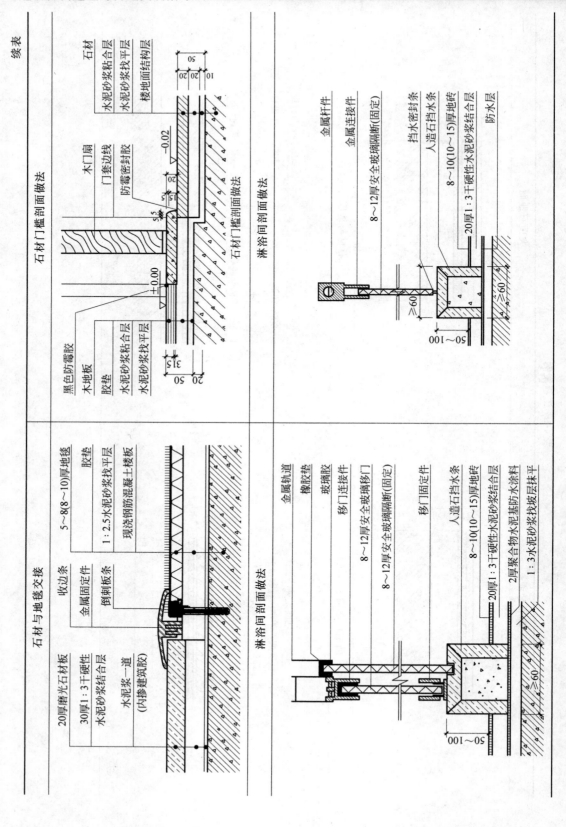

石材门槛剖面做法

石材

水泥砂浆粘合层

水泥砂浆找平层

楼地面结构层

木门扇

门套边线

防霉密封胶

−0.02

±0.00

黑色防霉胶

木地板

胶垫

水泥砂浆粘合层

水泥砂浆找平层

石材门槛剖面做法

淋浴间剖面做法

金属杆件

金属连接件

挡水密封条

人造石挡水条

8～10(10～15)厚地砖

8～12厚安全玻璃隔断(固定)

20厚1:3干硬性水泥砂浆结合层

防水层

石材与地毯交接

20厚磨光石材板

30厚1:3干硬性水泥砂浆结合层

水泥浆一道(内掺建筑胶)

收边条

金属固定件

倒刺板条

5～8(8～10)厚地毯

胶垫

1:2.5水泥砂浆找平层

现浇钢筋混凝土楼板

淋浴间剖面做法

金属轨道

橡胶垫

玻璃胶

移门连接件

移门(安全玻璃移门)

8～12厚安全玻璃移门

8～12厚安全玻璃隔断(固定)

移门固定件

人造石挡水条

8～10(10～15)厚地砖

20厚1:3干硬性水泥砂浆结合层

2厚聚合物水泥基防水涂料

1:3水泥砂浆找坡层抹平

4.5 设计方法、步骤和要点提示

4.5.1 设计方法和步骤

1. 设计之前的准备

（1）熟悉设计任务书，理解本次设计的要求，并合理安排时间，按时完成设计。

（2）消化吸收所学过的理论知识，理论知识是一切实践性环节的基础。

（3）收集设计资料，设计时可以参考使用。学生在进行设计时，不要违背装饰设计规律，要严格按照建筑装饰制图规范制图。

（4）理论联系实际，多参加一些工程实践锻炼，以使设计满足实际施工的需要。

2. 设计方法和步骤

注意图面布图合理而不局促。

注意线条的合理运用。在五个节点详图中，被剖到的墙体以及过梁结构外轮廓线用粗实线绘制；被剖到的各种材料外轮廓线等用中实线绘制；其余线条用细实线绘制。注意以上三种线型的对比要分明。

设计步骤大体如下（以石材与地毯交界处节点图为例）。

（1）选定比例、定图幅。

（2）绘制原有结构形态、基层材料和连接材料及构造、配件之间的相互关系，标明基层、面层装饰材料的种类。

（3）绘制出剖到部分的装饰构造层次，施工工艺、连接方式以及材料图例。

（4）明确图面线条等级。

（5）进行有关的尺寸或文字标注。

（6）标注图名、比例。

4.5.2 设计要点和常见问题提示

浴室构造设计要点如下。

（1）卫生间完成地面最高点标高比楼面首层地面完成地面标高低 20mm，具体应根据楼地面建筑做法确定，并在地面建筑设计及楼板结构设计图纸中经核算无误后予以注明。

（2）卫生间后砌隔墙应采用水泥挤压砖等耐水性能好的材料，不应采用加气混凝土、石膏板等吸湿性强的材料。后砌隔墙根部用强度等级不低于 C15 混凝土做 100mm（当地要求 200mm 的按 200mm 施工）反坎，宽度与隔墙同宽。

（3）防水层在墙、柱等部位翻起高度自室内地面完成面以上不应小于 100mm（当地要求 300mm 的按 300mm 施工）。卫浴间的淋浴间防水层涂刷墙面及其两侧墙面自地面以上 1800mm。

4.6 考核方案

考核方案见表 4-2。

表 4-2 "楼地面构造设计"专项能力训练考核表

序号	学生姓名	考核方式	评价内容及能力要求				评分	权重	成绩
			出勤率	训练表现	训练内容质量及成果	问题答辩			
			只扣分不加分	10 分	60 分	30 分			
			1. 迟到一次扣 2 分,旷课一次扣 5 分 2. 缺课 1/3 学时以上该专项能力不记分	1. 学习态度端正(4) 2. 积极思考问题、动手能力强(6)	1. 满足任务书要求(20) 2. 符合国家有关制图标准要求(尺寸标注齐全、字体端正整齐、线型粗细分明)(10) 3. 构造合理可行、图面表达清晰、图示内容表达完善(20) 4. 运用科学方法,构造合理可行(10)	1. 正确回答问题(20) 2. 结合实践、灵活运用(10)			
1	×××	学生自评						30%	
		学生互评						30%	
		教师评阅						40%	

实训 5 室内顶棚(吊顶)构造设计

5.1 实训目的与要求

顶棚(吊顶)构造设计是施工图表达的重要内容之一。学生通过学习本实训,能掌握轻钢龙骨石膏板吊顶构造做法,能熟练地绘制轻钢龙骨石膏板跌级吊顶反光灯槽构造做法,轻钢龙骨石膏板吊顶中央空调侧出风口、排气口节点构造,并提高施工图绘制与表达能力。

(1)初步了解顶棚(吊顶)构造知识。

(2)掌握在装饰施工图中轻钢龙骨石膏板吊顶的构造要求及常见做法。

(3)掌握如何从装饰施工图的角度表达装饰详图。

(4)了解轻钢龙骨石膏板吊顶中央空调出风口、排气口构造的做法表达的基本知识。

(5)学会在分析问题的过程中,寻求解决方案,如知识的自我完善,工程实践的基本处理方案。

5.2 设 计 任 务

根据以下条件,完成建筑顶棚构造设计。

(1)已知某酒店客房顶棚布置图,如图 5-1 所示。试根据此图进行客房顶棚吊顶的细部节点构造设计。

(2)采用现浇钢筋混凝土楼板。

(3)客房顶棚面材为石膏板白色乳胶漆,浴室顶棚面材为防水石膏板白色乳胶漆。

(4)外墙为玻璃幕墙。

(5)吊顶做法为轻钢龙骨石膏板;轻钢龙骨防水石膏板。

(6)顶棚吊顶构造做法如下(由上至下)。

- 建筑结构楼板;
- M8 吊筋;
- 50 系列轻钢龙骨;
- 双层纸面石膏板;
- 白色乳胶漆。

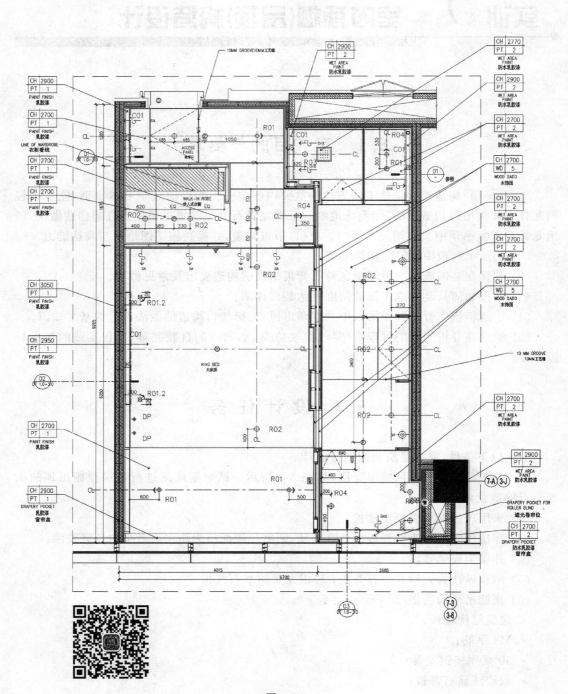

图 5-1

5.3　成　果　要　求

成果形式为 3 号图纸一张,钢笔墨线绘制,图纸内容及要求如下。

1. 顶棚节点图

按顶棚造型图上剖切位置画出门厅吊顶中央空调进风口节点构造,客房吊顶跌级吊顶反光灯槽节点构造,客房吊顶跌级吊顶窗帘盒节点构造。布图时,要求按照顺序将 1、2、3 节点依次布置。

2. 客房顶棚节点详图的绘制要求

(1) 按 1:5 比例完成节点详图绘制。

(2) 详图编号:画完该节点详图后,在详图的右下角画详图编号圆圈,然后在编号圆圈的右侧注写详图比例。

3. 节点详图 1——门厅吊顶中央空调进风口节点详图

(1) 详图范围:上部画到建筑结构楼板;下部画到石膏板;左边画出部分墙体;右边画出一部分检修口。上、下、左、右四方要用折断线折断。

(2) 室内顶棚吊顶部分:按照构造层次画出室内吊顶构造,用层次构造引出线标注室内吊顶材料、做法以及各层次的厚度尺寸;标注室内顶面标高。画出顶棚检修口的尺寸和材料做法。

4. 节点详图 2——客房吊顶跌级吊顶反光灯槽节点详图

(1) 详图范围:上部画到建筑结构楼板;下部画到石膏板;左边画出部分墙体;右边画出一部分石膏板吊顶。上、下、左、右四方要用折断线折断。

(2) 室内顶棚吊顶部分:按照构造层次画出室内吊顶构造,用层次构造引出线标注室内吊顶材料、做法以及各层次的厚度尺寸;标注室内顶面标高。画出反光灯槽的尺寸和材料做法。

5. 节点详图 3——客房吊顶跌级吊顶窗帘盒节点详图

(1) 详图范围:上部画到建筑结构楼板;下部画到石膏板;左边画出部分玻璃幕墙;右边画出一部分石膏板吊顶。上、下、左、右四方要用折断线折断。

(2) 室内顶棚吊顶部分:按照构造层次画出室内吊顶构造,用层次构造引出线标注室内吊顶材料、做法以及各层次的厚度尺寸;标注室内顶面标高。画出暗藏式窗帘盒的尺寸和材料做法。

5.4　参考工程案例

工程案例见表 5-1。

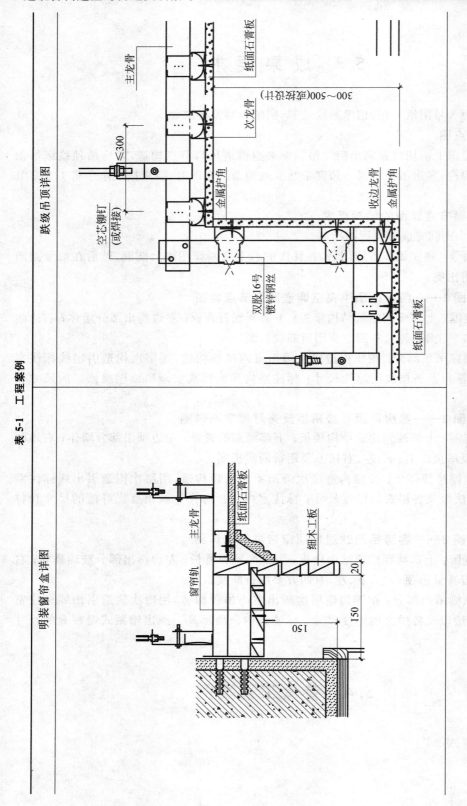

表 5-1　工程案例

续表

轻钢龙骨石膏板反光灯槽详图

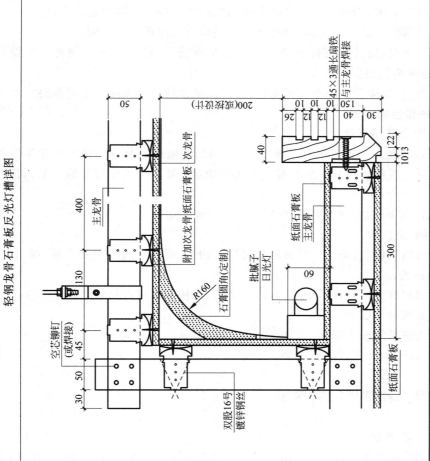

5.5 设计方法、步骤和要点提示

5.5.1 设计方法和步骤

1. 设计之前的准备

（1）熟悉设计任务书，理解本次设计的要求，并合理安排时间，按时完成设计。

（2）消化吸收所学过的理论知识，理论知识是一切实践性环节的基础。

（3）收集设计资料，设计时可以参考使用。学生在进行设计时，不要违背装饰设计规律，要严格按照建筑装饰制图规范制图。

（4）理论联系实际，多参加一些工程实践锻炼，以使设计满足实际施工的需要。

2. 设计方法和步骤

注意图面布图合理而不局促。

注意线条的合理运用。在三个节点详图中，被剖到的墙体以及过梁结构外轮廓线用粗实线绘制；被剖到的各种材料外轮廓线等用中实线绘制；其余线条用细实线绘制。注意以上三种线型的对比要分明。

设计步骤大体如下（以中央空调进风口节点图为例）。

（1）选定比例、定图幅。

（2）绘制原有结构形态、基层材料和连接材料及构造、配件之间的相互关系，标明基层、面层装饰材料的种类。

（3）绘制出剖到部分的装饰构造层次，施工工艺、连接方式以及材料图例。

（4）明确图面线条等级。

（5）进行有关的尺寸或文字标注。

（6）标注图名、比例。

5.5.2 设计要点和常见问题提示

吊顶构造设计要点如下。

（1）跌级灯槽的高度为 150～300mm 为宜，且建议采用灯带为 LED 光源，体积小，寿命长，检修少，长度长，不宜出现交接缝，在休息性质的空间中，色温度建议控制在 3000～3500K 的暖光源。

（2）为保证吊顶平面的平整性和耐久性，必须采用双层石膏板，错缝拼接，板材之间预留 5mm 缝隙防止热胀冷缩。

（3）正常情况下，窗帘盒的宽度应大于或等于 150mm，同时，根据不同窗帘的重量，应考虑对窗帘盒进行加固处理。例如，增加基层板厚度以及基层骨架采用角钢加固等。

5.6　考　核　方　案

考核方案见表 5-2。

表 5-2　"顶棚吊顶构造设计"专项能力训练考核表

序号	学生姓名	考核方式	评价内容及能力要求				评分	权重	成绩
			出勤率	训练表现	训练内容质量及成果	问题答辩			
			只扣分不加分	10 分	60 分	30 分			
			1. 迟到一次扣2分,旷课一次扣5分 2. 缺课 1/3 学时以上该专项能力不记分	1. 学习态度端正(4) 2. 积极思考问题、动手能力强(6)	1. 满足任务书要求(20) 2. 符合国家有关制图标准要求(尺寸标注齐全、字体端正整齐、线型粗细分明)(10) 3. 构造合理可行、图面表达清晰、图示内容表达完善(20) 4. 运用科学方法,构造合理可行(10)	1. 正确回答问题(20) 2. 结合实践、灵活运用(10)			
1	×××	学生自评						30%	
		学生互评						30%	
		教师评阅						40%	

实训 6 室外地面(硬质铺装)构造设计

6.1 实训目的与要求

室外地面(硬质铺装)构造设计是施工图表达的重要内容之一。学生通过学习本实训，了解室外地面铺装材料以及主要硬质铺地构造设计，训练绘制施工图的能力，使学生掌握室外，尤其是园林景观硬质铺装构造处理及表达方法，并提高施工图绘制与表达能力。

(1) 初步了解室外硬质铺装材料。

(2) 掌握室外硬质铺装构造要求及常见做法。

(3) 掌握从施工图的角度绘制硬质铺装剖面详图。

(4) 了解硬质铺装构造的基本知识。

(5) 学会在分析问题的过程中，寻求解决方案，如知识的自我完善，工程实践的基本处理方案。

6.2 设 计 任 务

根据以下条件，完成室外地面(硬质铺装)构造设计。

(1) 某市一处公园，铺装设计总平面图、效果图如图 6-1 和图 6-2 所示。根据此图进行本次设计。

(2) 路基为素土夯实，密实度大于等于 90%。

(3) 面层：游路采用花岗岩；儿童游乐场采用弹性橡胶垫；人行彩色混凝土路面。

(4) 结合层采用干性水泥砂浆。

(5) 基层采用级配碎石。

(6) 室外地面(硬质铺装)基本构造做法如下(由上到下)。

① 游路地面做法：

• 30×300×600 烧面花岗岩；

• 30 厚 1∶3 干性水泥砂浆；

• 150 厚 C20 素混凝土；

• 素土夯实，密实度≥90%。

图 6-1

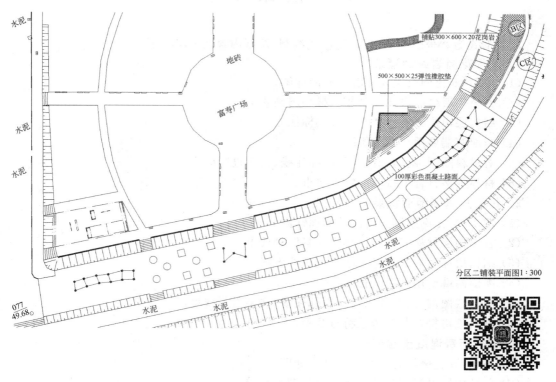

图 6-2

② 儿童游乐场地面做法:

- 25 厚 500×500 弹性橡胶垫;
- 30 厚 1：3 干性水泥砂浆;
- 100 厚 C15 混凝土;
- 素土夯实,密实度≥90％;

③ 人行彩色混凝土路面做法:

- 100 厚彩色混凝土面层;
- 100 厚碎砾石垫层;
- 素土夯实,密实度≥90％。

(7) 材料图例见图 6-3。

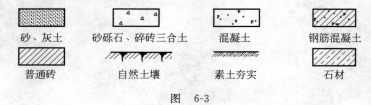

图　6-3

6.3　成　果　要　求

成果形式为 2 号图纸一张,钢笔墨线绘制,图纸内容及要求如下。

1. 人行花岗岩路面铺装

(1) 按 1：5 比例绘制人行游路断面详图。

(2) 各结构层材料表达符合相关材料图例要求。

(3) 结构层标注方式参考工程案例标注方式。

(4) 断面两端要用折断线折断。

(5) 对材料图例、剖切线以及材料标注线、文字进行线型区分。

(6) 材料规格符合人行功能特点要求。

2. 儿童游乐场地面铺装

(1) 按 1：5 比例绘制人行游路断面详图。

(2) 各结构层材料表达符合相关材料图例要求。

(3) 结构层标注方式参考工程案例标注方式。

(4) 断面两端要用折断线折断。

(5) 对材料图例,剖切线以及材料标注线、文字进行线型区分。

(6) 材料规格符合儿童游乐特点要求。

3. 车行沥青混凝土路面铺装

(1) 按 1：5 比例绘制人行游路断面详图。

(2) 各结构层材料表达符合相关材料图例要求。

(3) 结构层标注方式参考工程案例标注方式。

(4) 断面两端要用折断线折断。

（5）对材料图例，剖切线以及材料标注线、文字进行线型区分。

（6）材料规格符合车行功能特点要求。

6.4 参考工程案例

工程案例见表 6-1。

表 6-1 工程案例

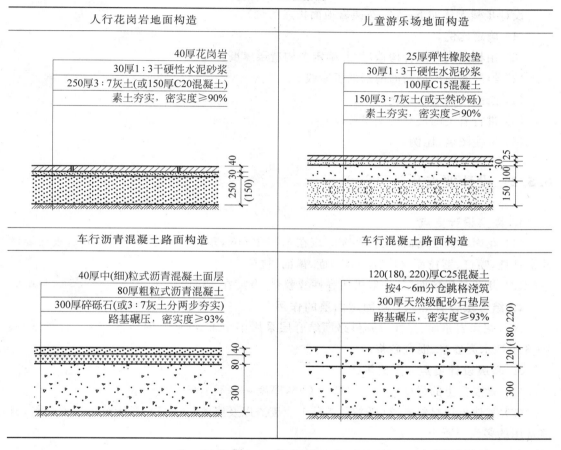

6.5 设计方法、步骤和要点提示

6.5.1 设计方法和步骤

1. 设计之前的准备

（1）熟悉设计任务书，理解本次设计的要求，并合理安排时间，按时完成设计。

（2）消化吸收所学过的理论知识,理论知识是一切实践性环节的基础。

（3）收集设计资料,设计时可以参考使用。学生在进行设计时,要严格按照园林制图规范制图。

（4）理论联系实际,多参加一些工程实践锻炼,以使设计满足实际施工的需要。

2．设计方法和步骤

注意整个图面布图合理而不局促。

注意线条的合理运用。在三个断面详图中,被剖到的结构层线用粗实线绘制,材料图例填充用中实线绘制,其余线条用细实线绘制。注意以上三种线型的对比要鲜明。

设计步骤大体如下(人行花岗岩地面构造为例)。

（1）确定比例。

（2）用粗实线画出各构造层,并确定各构造层厚度。

（3）绘制路面构造断面两端的折断线。

（4）绘制个构造层填充图例。

（5）进行有关的尺寸或文字标注。

（6）标注图名、比例。

6.5.2 设计要点和常见问题提示

1．面层设计要点

（1）花岗岩面层路面,人行厚度应该在 30～40mm,车行厚度在 40～60mm。表面要做防滑处理,喷灯、荔枝面、机刨面、斧剁面、凿面、拉道。

（2）儿童游乐场面层,一般采用弹性橡胶垫,厚度在 15～25mm。

2．结合层设计要点：起固定面层的作用

人行花岗岩路面、弹性橡胶垫路面结合层采用不小于 30～50 厚粗沙、1：3 石灰砂浆、1：3 干性水泥砂浆、混合砂浆。

3．基层设计要点：主要承重层

（1）素混凝土的强度等级不应低于 C15,厚度一般不小于 100mm。

（2）其他可用材料有碎(砾)石、各种工业废渣以及废渣与土、砂、石所组成的混合料,目前常用的多为混凝土。

4．垫层设计要点：主要用来调节和改善水与温度的状况

（1）主要材料有砂、砂石、炉渣、片石、锥形块石。

（2）厚度一般在 100～200mm。

5．路基设计要点

（1）一般是将自然土夯实,车行道路：路基碾压,密实度 93％～95％;人行道路：素土夯实,密实度≥90％。

（2）路基是填筑而成时,一般用碎(砾)石质土、砂性土、砾石或不易风化的石块。

6.6 考核方案

考核方案见表 6-2。

表 6-2 "室外地面（硬质铺装）构造设计"专项能力训练考核表

序号	学生姓名	考核方式	评价内容及能力要求				评分	权重	成绩
			出勤率	训练表现	训练内容质量及成果	问题答辩			
			只扣分不加分	10 分	60 分	30 分			
			1. 迟到一次扣2分，旷课一次扣5分 2. 缺课 1/3 学时以上该专项能力不记分	1. 学习态度端正(4) 2. 积极思考问题、动手能力强(6)	1. 满足任务书要求(20) 2. 符合国家有关制图标准要求（尺寸标注齐全、字体端正整齐、线型粗细分明)(10) 3. 构造合理可行、图面表达清晰、图示内容表达完善(20) 4. 运用科学方法，构造合理可行(10)	1. 正确回答问题(20) 2. 结合实践、灵活运用(10)			
1	×××	学生自评						30%	
		学生互评						30%	
		教师评阅						40%	

实训 *7* 楼梯构造设计

7.1 实训目的与要求

楼梯及其构造设计是施工图表达的重要内容之一。学生通过学习本实训,了解楼梯构造设计的主要内容,掌握楼梯的设计方法和步骤,学会熟练查阅相关建筑规范、图集等资料。熟悉相关建筑制图规范,掌握楼梯细部构造节点的构造处理及表达方法,并提高施工图绘制与表达能力。

(1)掌握楼梯各部分的尺度和表达方法。

(2)掌握踏步、栏杆扶手等细部构造。

(3)了解楼梯的构造组成和形式。

(4)学会在分析问题的过程中,寻求解决方案,如知识的自我完善,工程实践的基本处理方案。

7.2 设 计 任 务

本实训给出两个实训项目,学生可根据自己的情况选做一个,或由指导老师指定。

7.2.1 任务一:某宾馆加建室外疏散楼梯设计

根据以下条件,完成建筑楼梯构造设计。

(1)某宾馆改造工程,需在次入口加设户外楼梯一部,以连接二层防烟楼梯,形成疏散通道。详见图7-1。

(2)加建楼梯采用钢结构,钢柱、钢梁尺寸详见图例。

(3)楼、地面面层采用花岗岩地面。

(4)楼梯栏杆采用玻璃栏板、不锈钢扶手。

(5)材料图例见图7-2。

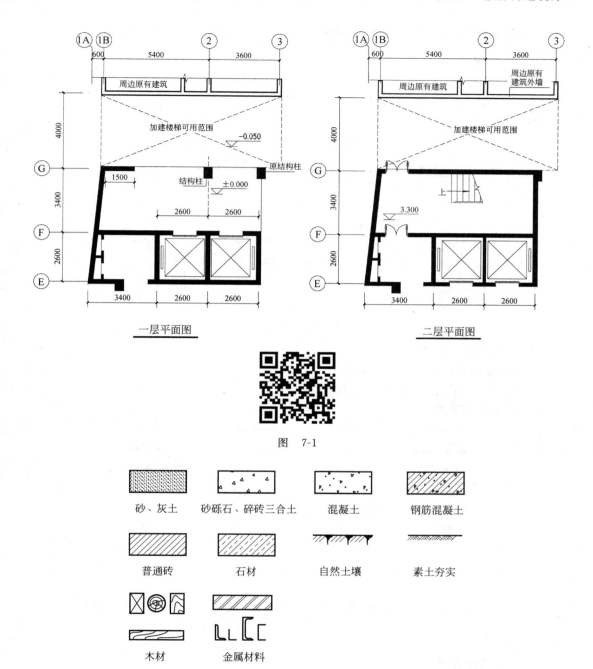

图　7-1

图　7-2

7.2.2　任务二：某住宅楼梯设计

根据以下条件,完成建筑楼梯构造设计。

(1) 已知某住宅为 6 层砖混结构,层高 2.8m,室内外高差 600mm。楼梯间开间 2.7m,

进深 5.4m，墙体均为 240mm 厚砖墙，轴线居中，底层中间平台下设有住宅出入口。详见图 7-3。

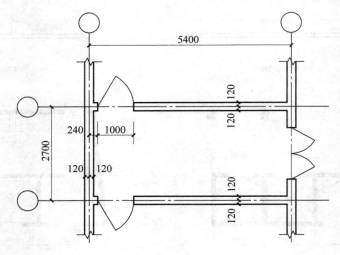

图 7-3

（2）结构形式：砖混结构。

（3）楼、地面面层采用花岗岩地面。

（4）楼梯栏杆采用玻璃栏板、不锈钢扶手。

（5）材料图例见图 7-4。

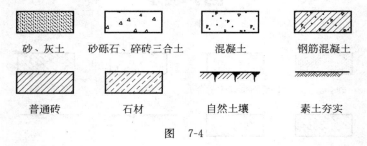

| 砂、灰土 | 砂砾石、碎砖三合土 | 混凝土 | 钢筋混凝土 |
| 普通砖 | 石材 | 自然土壤 | 素土夯实 |

图 7-4

7.3 成果要求

1．楼梯构造设计

按制图规范与任务要求分别绘制楼梯首层平面图、标准层平面图、顶层平面图（楼梯二层平面图）、楼梯剖面图、扶手、栏杆（栏板）详图和踏步详图。

2．比例

平面图和剖面图为 1∶50，详图为 1∶5 或 1∶10。

3．绘制

用 A2 绘图纸以墨线笔绘制。

4．深度

（1）在楼梯各平面图和剖面图中绘出定位轴线，标出定位轴线至墙边的尺寸。给出门窗、楼梯踏步、折断线（注意折断线为一条）。以各层地面为基准标注楼梯的上、下指示箭头，并在上行指示线旁注明到上层的步数和踏步尺寸。

（2）在楼梯各层平面图中注明中间平台及各层地面的标高，室外地坪标高（室内外高差通过计算确定）。

（3）在首层楼梯平面图上注明剖面剖切线的位置及编号，注意剖切线的剖视方向。剖切线应通过楼梯间的门和窗。

（4）平面图上标注三道尺寸。

① 进深方向。

第一道：平台净宽×梯段长＝踏面宽×步数；第二道：楼梯间净长；第三道：楼梯间进深轴线尺寸。

② 开间方向。

第一道：楼梯段宽度和楼梯井宽；第二道：楼梯间净宽；第三道：楼梯间开间轴线尺寸。

（5）剖面图应注意剖视方向，不要把方向弄错。

（6）剖面图的内容为：楼梯的断面形式，栏杆（栏板）、扶手的形式等。

（7）注出材料符号。

（8）标注标高：室内地面、室外地面、各层平台、各层地面等处。

（9）在剖面图中绘出定位轴线，并标注定位轴线间的尺寸。注出详图索引符号。

（10）详图应注明材料、作法和尺寸。与详图无关的连续部分可用折断线断开。注出详图编号。

7.4　参考工程案例

工程案例见表 7-1。

表 7-1　工程案例

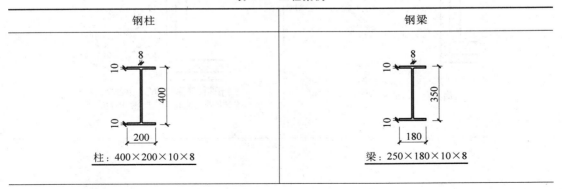

钢柱	钢梁
柱：400×200×10×8	梁：250×180×10×8

梯梁	钢楼梯与地面交接处构造
梯梁：350×120×10×8	
常见钢结构楼梯踏步形式 1	常见钢结构楼梯踏步形式 2
踏步饰面及防滑处理 1	踏步饰面及防滑处理 2
大理石或花岗岩防滑 （铝合金、铜或不锈钢）	预制磨石踏步防滑(铝合金或铜) 大理石或花岗岩防滑(铝合金或铜)

续表

玻璃栏板、不锈钢栏杆构造

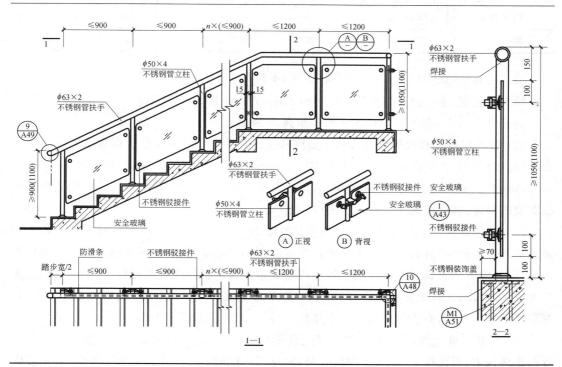

7.5　设计前的准备和方法、步骤

1. 设计之前的准备

（1）熟悉设计任务书，理解本次设计的要求，并合理安排时间，按时完成设计。

（2）消化吸收所学过的理论知识，理论知识是一切实践性环节的基础。

（3）收集设计资料，设计时可以参考使用。学生在进行设计时，不要违背建筑设计规律，要严格按照建筑制图规范制图。

（4）理论联系实际，多参加一些工程实践锻炼，使设计满足实际施工的需要。

2. 设计方法和步骤

1）确定楼梯形式和各部分尺寸

（1）踏步尺度。楼梯的坡度在实际应用中均由踏步高宽比决定。踏步的高宽比应根据人流行走的舒适、安全和楼梯间的尺度、面积等因素进行综合权衡。常用的坡度为1∶2左右。人流量大、安全要求高的楼梯坡度应该平缓一些，反之则可陡一些，可以节约楼梯间面积。踏步常用高度尺寸见表7-2。

表 7-2　踏步常用高度尺寸　　　　　　　　　　单位：mm

名　　称	住宅	幼儿园	学校、办公楼	医院	剧院、会堂
踏步高 h	150～175	120～150	140～160	120～150	120～150
踏步宽 b	260～300	260～280	280～340	300～350	300～350

踏步的高度,成人以 150mm 左右较适宜,不应高于 175mm。

踏步的宽度(水平投影宽度)以 300mm 左右为宜,不应窄于 260mm。

应符合 $2h+b=600～620mm$(h 为踏步高,b 为踏步宽)。

(2)梯段尺度。梯段尺度分为梯段宽度和梯段长度。梯段宽度应根据紧急疏散时要求通过的人流股数多少确定。每股人流按 500～600mm 宽度考虑,双人通行时为 1000～1200mm,三人通行时为 1500～1800mm,其余类推。同时,需满足各类建筑设计规范中对梯段宽度的限定,如住宅大于 1000mm,公共建筑大于 1300mm 等。

(3)平台宽度。平台宽度分为中间平台宽度 D1 和楼层平台宽度 D2,对于平行和折行多跑等类型的楼梯,其转向后的中间平台宽度应不小于梯段宽度,以保证通行与梯段同股数人流,同时应便于家具搬运。医院建筑还应保证担架在平台处能转向通行,其中间平台宽度应大于 1800mm。对于直行多跑楼梯,其中间平台宽度可等于梯段宽,或者大于 1000mm。对于楼层平台宽度,则应比中间平台更宽松一些,以利人流分配和停留。

(4)梯井宽度。所谓梯井,是指梯段之间形成的空档,此空档从顶层到底层贯通。在平行多跑楼梯中,可无梯井,但为了梯段安装和平台转弯缓冲,可设梯井。为了安全,其宽度应小,以 60～200mm 为宜。当梯井宽大于等于 200mm 时应加防护措施。

2)画出草图

根据算出尺寸,按要求比例画出底层、标准层和顶层平面草图。

3. 确定楼梯结构和构造方案

(1)楼梯梯段形式:板式或梁板式(明步或暗步)。

(2)平台梁形式。

(3)平台板的布置。

(4)画出楼梯剖面草图,按要求标注尺寸。

(5)检查绘出的平、剖面草图,是否符合楼梯的表达要求,有无矛盾的地方,并进行调整。

(6)根据调整好的平、剖面草图,按前述要求正式完成平面图、剖面图和节点详图。

7.6　考　核　方　案

考核方案见表 7-3。

表 7-3 "楼梯构造设计"专项能力训练考核表

序号	学生姓名	考核方式	评价内容及能力要求				评分	权重	成绩
			出勤率	训练表现	训练内容质量及成果	问题答辩			
			只扣分不加分	10分	60分	30分			
			1. 迟到一次扣2分,旷课一次扣5分 2. 缺课1/3学时以上该专项能力不记分	1. 学习态度端正(4) 2. 积极思考问题、动手能力强(6)	1. 满足任务书要求(20) 2. 符合国家有关制图标准要求(尺寸标注齐全、字体端正整齐、线型粗细分明)(10) 3. 构造合理可行、图面表达清晰、图示内容表达完善(20) 4. 运用科学方法,构造合理可行(10)	1. 正确回答问题(20) 2. 结合实践、灵活运用(10)			
1	×××	学生自评						30%	
		学生互评						30%	
		教师评阅						40%	

实训 *8* 平屋面防排水构造设计

8.1 实训目的与要求

平屋面是常见的一种屋面形式,其构造设计是施工图表达的重要内容之一。学生通过学习本实训,了解平屋面基本设计要求,排水方式、防水等级及构造、保温隔热材料等,掌握各类平屋面剖面构造组成(包括正置式与倒置式保温屋面、柔性防水屋面、上人屋面与不上人层面通风屋面等),训练绘制施工图的能力。使学生掌握墙体中几个重要节点(包括檐口天沟、屋面泛水、屋面出入口等)的构造处理及表达方法,并提高施工图绘制与表达能力。

(1)初步了解建筑屋面构造知识。

(2)掌握在建筑剖面上平屋面构造要求及常见做法。

(3)掌握如何从建筑施工图的角度表达建筑剖面详图。

(4)了解屋面节能及防排水表达的基本知识。

(5)学会在分析问题的过程中,寻求解决方案,如知识的自我完善,工程实践的基本处理方案。

8.2 设 计 任 务

根据以下条件,按 A、B 两种方案分别完成建筑屋面排水及构造设计。

方案 A 正置式保温屋面:女儿墙内天沟排水+卷材柔性防水。

方案 B 倒置式保温屋面:女儿墙外天沟排水+硬泡聚氨酯防水+架空屋盖通风隔热构造。

(1)某多层住宅,6 层、框架结构,鸟瞰图和平面图如图 8-1~图 8-3 所示。根据图 8-1~图 8-3 进行本次设计。

(2)墙身主体为烧结页岩多孔砖,墙体厚度取 240mm。

(3)采用现浇钢筋混凝土楼板(120 厚)、框架梁。

（4）240 厚砖砌女儿墙，60 厚现浇钢筋混凝土压顶。

（5）屋面防水等级Ⅰ级。

（6）屋面基本构造做法如下。

- 顶棚层——白色仿瓷涂料；
- 结构层——120 厚钢筋混凝土屋面板；
- 找平层——20 厚 1：2.5 水泥砂浆；
- 隔汽层——1.5 厚氯化聚乙烯防水卷材；
- 保温层——40 厚挤塑聚苯板（按节能计算确定）；
- 找坡层——1：8 水泥加气混凝土碎渣；
- 防水层——1.5 厚合成高分子防水卷材；
- 隔离层——0.5 厚塑料薄膜；
- 保护层——490×490×35 细石钢筋混凝土板，砖砌架空层。

（7）材料图例见图 8-4。

图 8-1

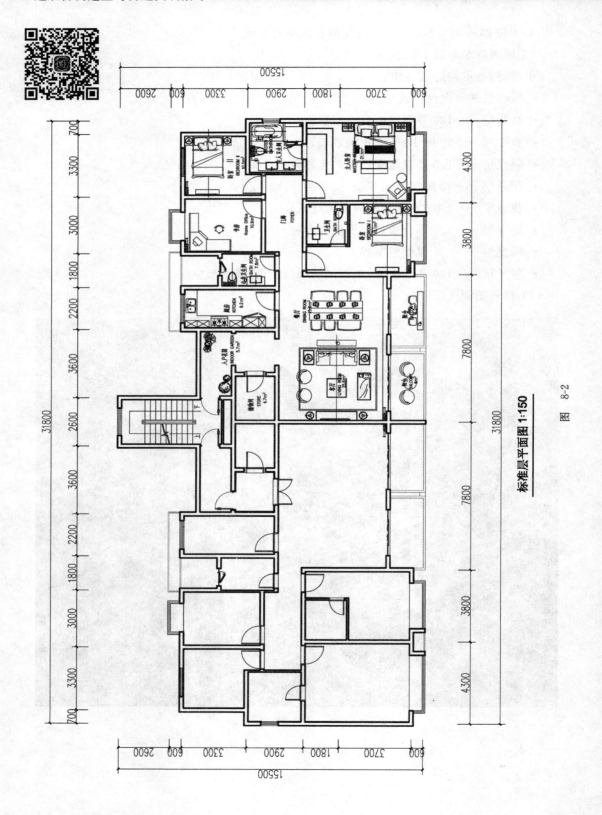

标准层平面图 1:150

图 8-2

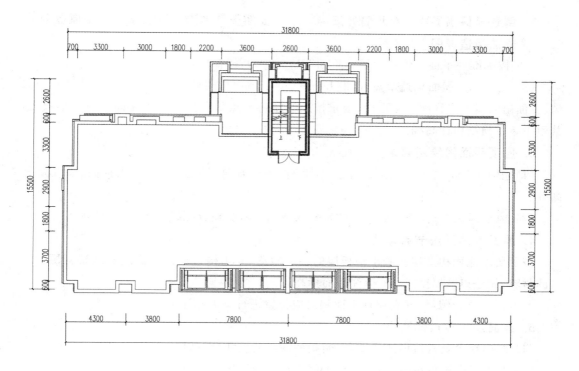

屋顶平面图 1:100

图 8-3

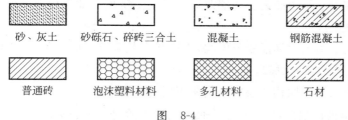

| 砂、灰土 | 砂砾石、碎砖三合土 | 混凝土 | 钢筋混凝土 |

| 普通砖 | 泡沫塑料材料 | 多孔材料 | 石材 |

图 8-4

8.3 成 果 要 求

成果形式为 2 号图纸两张,钢笔墨线绘制,图纸内容及要求如下。

1. 正置式保温屋面:女儿墙内天沟排水平面图+卷材柔性防水构造详图

(1) 按标准层平面图绘制出屋顶平面图(1:100),楼梯出屋面。

(2) 绘制 4 个屋面构造节点详图(1:10),即:屋面构造做法、屋面泛水、女儿墙檐口天沟、屋面出入口节点详图。布图时,要求按照顺序将节点从左到右布置在同一条水平线上,共用一条屋顶结构标高线。

2. 倒置式保温屋面：女儿墙外天沟排水平面图＋硬泡聚氨酯防水＋架空屋盖通风隔热构造详图

(1) 按标准层平面图绘制出屋顶平面图(1：100)，楼梯出屋面。

(2) 绘制 4 个屋面构造节点详图(1：10)，即：屋面构造做法、屋面泛水、女儿墙檐口天沟、屋面出入口节点详图。布图时，要求按照顺序将节点从左到右布置在同一条水平线上，共用一条屋顶结构标高线。

3. 屋顶平面图绘制要求

(1) 按 1：100 比例完成屋顶平面图绘制，标注轴号，两道尺寸线，顶标高，女儿墙标高等。

(2) 确定排水方式，排水坡度、方向，分水线、天沟，纵横分隔缝，雨水管位置等。

4. 屋面构造做法节点详图

按照要求屋面构造层次画出楼板层的各层构造，并用构造层次引出线标注楼板层各层次的材料、做法以及厚度尺寸；标注楼面标高。

节点详图进行编号，并在屋顶平面相对应位置进行索引标注。

5. 屋面泛水节点详图

(1) 画出泛水处构造做法详图，标明相关做法的尺寸及材料。

(2) 节点详图进行编号，并在屋顶平面相对应位置进行索引标注。

6. 女儿墙檐口天沟节点详图

(1) 详图范围：下部画到天沟底面以下；上部画到女儿墙顶部。女儿墙可中间截断。

(2) 女儿墙部分：画出砖砌女儿墙及钢筋混凝土压顶的细部构造做法，标注相关尺寸；标注女儿墙顶面标高。

(3) 天沟部分：画出钢筋混凝土天沟，表达与女儿墙及屋面的关系，天沟的细部构造做法，并标注有关天沟的尺寸、标高等。

(4) 层面板部分：按照构造层次画出楼板层的各层构造。

(5) 节点详图进行编号，并在屋顶平面相对应位置进行索引标注。

7. 屋面出入口节点详图

(1) 画出泛水处构造做法详图，标明相关做法的尺寸及材料。

(2) 节点详图进行编号，并在屋顶平面相对应位置进行索引标注。

8.4　参考工程案例

工程案例见表 8-1。

表 8-1　工程案例

卷材、涂料防水构造做法举例	倒置式屋面防水构造做法举例

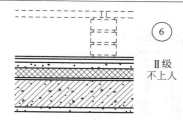

Ⅱ级
上人

- 250×250×30，C20细石混凝土板或水泥地砖，缝宽3～5，1:1水泥砂浆填缝
- 铺25厚中砂
- 1.2厚合成高分子防水卷材
- 1.5厚合成高分子防水涂料
- 刷基层处理剂一遍
- 20厚1:2.5水泥砂浆找平层
- 20厚(最薄处)1:8水泥加气混凝土碎块找2%坡
- 保温层
- 20厚1:2.5水泥砂浆找平层
- 钢筋混凝土屋面板，表面清扫干净

Ⅱ级
不上人

- 490×490×35细石钢筋混凝土板
- 砌块架空
- 3厚高聚物改性沥青防水卷材
- 3厚高聚物改性沥青防水涂料
- 刷基层处理剂一遍
- 20厚1:2.5水泥砂浆找平层
- 20厚(最薄处)1:8水泥憎水膨胀珍珠岩找2%坡
- 干铺加气混凝土砌块或憎水树脂膨胀珍珠岩板
- 钢筋混凝土屋面板，表面清扫干净

女儿墙泛水构造	屋面泛水构造

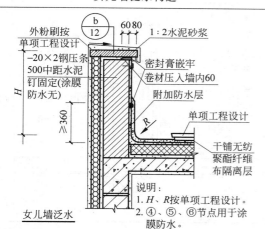

女儿墙泛水

说明：
1. H、R按单项工程设计。
2. ④、⑤、⑥节点用于涂膜防水。

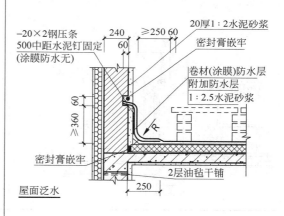

屋面泛水

女儿墙内天沟构造	女儿墙外天沟构造

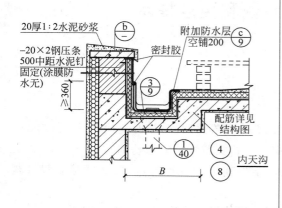

内天沟

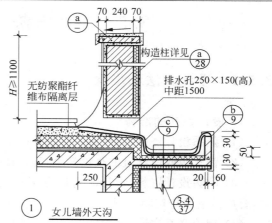

女儿墙外天沟

续表

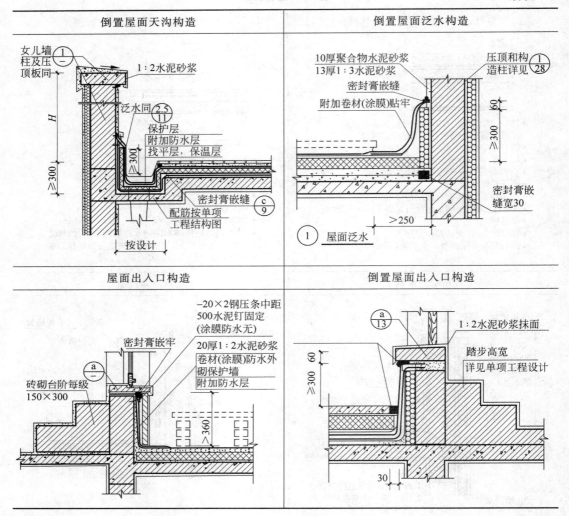

8.5 设计方法、步骤和要点提示

8.5.1 设计方法和步骤

1. 设计之前的准备

（1）熟悉设计任务书，理解本次设计的要求，并合理安排时间，按时完成设计。

（2）消化吸收所学过的理论知识，理论知识是一切实践性环节的基础。

（3）收集设计资料，设计时可以参考使用。学生在进行设计时，不要违背建筑设计规律，要严格按照建筑制图规范制图。

（4）理论联系实际，多参加一些工程实践锻炼，以使设计满足实际施工的需要。

2．设计方法和步骤

注意图面布图合理而不局促。

注意线型的合理运用。在节点详图中，被剖到的墙体以及框架梁结构外轮廓线用粗实线绘制；被剖到的窗框等用中实线绘制；其余线条用细实线绘制。注意以上三种线型的对比要分明。

设计步骤大体如下（以女儿墙内天沟节点详图为例）。

（1）先画屋面标高层线。

（2）沿层高线画出楼板、天沟线，再画出女儿墙、压顶其轮廓线。

（3）按层次画出结合层、保温层、防水层等构造。

（4）在此基础上画出关键处的做法。

（5）进行有关的尺寸或文字标注。

（6）标注图名、比例。

8.5.2　设计要点和常见问题提示

1．屋顶平面设计要点

（1）平屋面坡度一般为 2‰～5‰，天沟宽度结合建筑设计实际考虑，但净宽不小于 200mm，天沟内纵坡 1‰。

（2）屋面流水线路不宜过长，12m 以上宜做双坡排水。

（3）屋面分隔缝的纵横间距不宜大于 6m。

2．屋面构造做法设计要点

（1）单项工程中，应根据工程特点、地区自然条件各层面防水等级要求，绘制相应节点做法，确定保护层、防水层、附加防水层、保温层、隔离层和找平层等的材料。

（2）保护层：无保护层的柔性防水层上应设保护层，上人屋面可用 8～10 厚地砖块材，混凝土或混凝土板等，不上人屋面可用架空钢筋混凝土板、卵石或水泥砂浆等。

（3）屋面防水层和附加防水层：合成高分子、高聚物改性沥青防水卷材，防水涂料，喷涂硬泡聚氨酯及聚氨酯板材防水及保温。

防水卷材与防水涂料膜复合使用时，应注意二者的相容性。

天沟、檐沟应增加附加防水层。

（4）保温层：应根据具体项目，按《民用建筑热工设计规范》和节能设计标准确定。

（5）对于架空通风隔热层，可采用 M5 水泥砂浆砌筑，双向中距 500，120×120×90 砌块，高 200，上铺 490×490×40 细石钢筋混凝土板，当屋面宽度大于 10m 时，架空层应做通风屋脊，且架空板两端与外墙之间应留空不小于 250mm。

（6）当采用吸湿性保温材料做保温层时应设隔汽层。

（7）找平层：可采用 1∶2.5 水泥砂浆或聚合物水泥砂浆，20～30 厚。

3．泛水构造细部设计要点

（1）泛水是指屋面与垂直墙面相交处的防水处理。女儿墙、山墙、烟囱、变形缝等屋面与垂直墙面相交部位，均需做防水处理。

（2）将屋面的卷材继续铺至垂直墙面上，形成卷材泛水，泛水高度不小于 250mm。

（3）在屋面与垂直墙面的交接缝处，砂浆找平层应抹成圆弧形，圆弧半径为 20～150mm，上刷卷材胶粘剂，使卷材铺实贴密实，避免卷材架空或折断，并加铺一层卷材。

（4）做好泛水上口的卷材收头固定，防止卷材在垂直墙面上下滑，一般做法是：在垂直墙中凿出通长凹槽，将卷材手头压入凹槽内，用防水压条钉压后再用密封材料嵌填封严，外抹水泥砂浆保护。

4. 挑檐口细部构造设计要点

（1）挑檐口按排水形式分为无组织排水和檐沟外排水两种。其防水构造的要点是做好卷材的收头，使屋盖四周的卷材封闭，同时应抹好檐口的滴水。

（2）檐沟内转角处水泥砂浆应抹成圆弧形，以防卷材断裂，沟内可加铺一层卷材以增强防水能力。

5. 屋面出入口细部构造设计要点

（1）出入口处泛水要求同泛水细部构造。

（2）出入口处的门槛采用钢筋混凝土板，并粉滴水线；砖砌台阶每级 150×300。

8.6 考 核 方 案

考核方案见表 8-2。

表 8-2 "平屋面防排水构造设计"专项能力训练考核表

序号	学生姓名	考核方式	评价内容及能力要求				评分	权重	成绩
			出勤率	训练表现	训练内容质量及成果	问题答辩			
			只扣分不加分	10分	60分	30分			
			1. 迟到一次扣2分，旷课一次扣5分 2. 缺课1/3学时以上该专项能力不记分	1. 学习态度端正(4) 2. 积极思考问题、动手能力强(6)	1. 满足任务书要求(20) 2. 符合国家有关制图标准要求、尺寸标注齐全、字体端正整齐、线型粗细分明(10) 3. 构造合理可行、图面表达清晰、图示内容表达完善(20) 4. 运用科学方法，构造合理可行(10)	1. 正确回答问题(20) 2. 结合实践、灵活运用(10)			
1	×××	学生自评						30%	
		学生互评						30%	
		教师评阅						40%	

实训 9 坡(瓦)屋面防排水构造设计

9.1 实训目的与要求

坡(瓦)屋面是常见的一种屋面形式,其构造设计是施工图表达的重要内容之一。学生通过学习本实训,了解坡(瓦)屋面的基本设计要求,了解常见坡(瓦)屋面材料,掌握坡(瓦)屋面剖面构造组成(包括块瓦屋面、油毡瓦屋面、块瓦型钢板彩瓦屋面的基层、防水层、保温层等),训练绘制施工图的能力。使学生掌握墙体中几个重要节点(包括檐沟、泛水、屋脊、合水沟、老虎窗、常用坡(瓦)屋面材料构造等)的构造处理及表达方法,提高施工图绘制与表达能力。

(1) 初步了解建筑屋面构造知识。

(2) 掌握在建筑剖面上坡(瓦)屋面构造要求及常见做法。

(3) 掌握如何从建筑施工图的角度表达建筑剖面详图。

(4) 了解屋面节能及防排水表达的基本知识。

(5) 学会在分析问题的过程中,寻求解决方案,如知识的自我完善,工程实践的基本处理方案。

9.2 设 计 任 务

根据以下条件,完成建筑屋面排水及构造设计。

方案 A 平瓦(或水泥彩瓦、西式陶瓦)屋面+砂浆卧瓦+卷材柔性防水+保温。

方案 B 块瓦型钢板彩瓦屋面+卷材柔性防水+保温。

(1) 某多层住宅楼,六层,砖混结构,坡屋面,平面图和立面图如图 9-1～图 9-3 所示。根据平、立面图进行本次构造设计。

(2) 墙身主体为烧结页岩多孔砖,墙体厚度取 240mm。

(3) 采用现浇钢筋混凝土楼板(120 厚)、框架梁。

(4) 采用 240 厚砖砌女儿墙,60 厚现浇钢筋混凝土压顶。

(5) 屋面防水等级二级,排水坡度见图 9-3 剖面图。

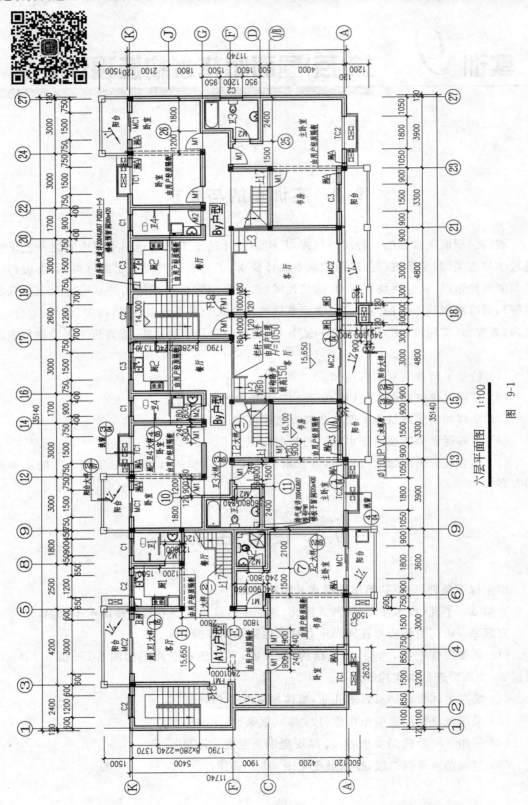

六层平面图 1:100

图 9-1

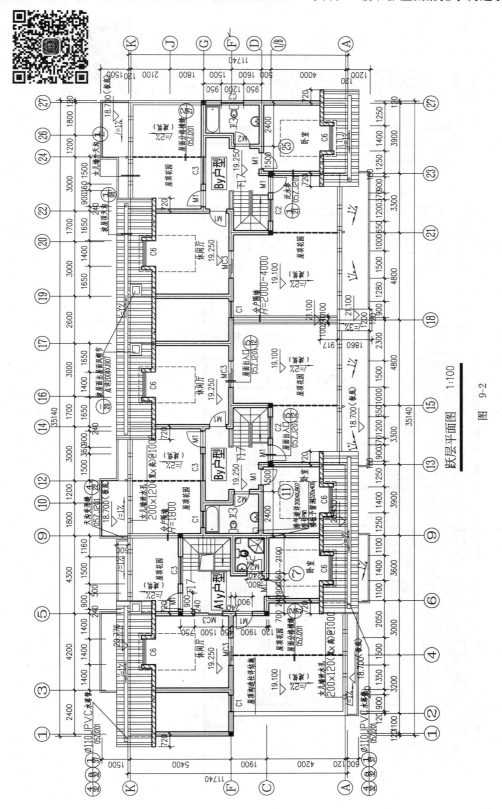

跃层平面图 1:100

图 9-2

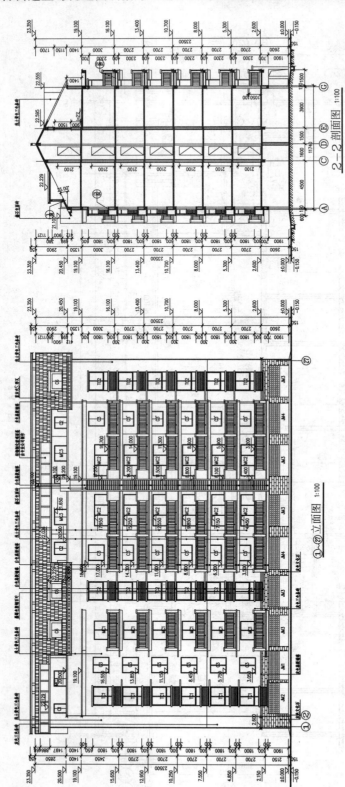

2—2 剖面图 1:100

①~② 立面图 1:100

图 9-3

(6) 屋面基本构造做法如下。

- 顶棚层：白色仿瓷涂料；
- 结构层：120 厚钢筋混凝土屋面板；
- 找平层：20 厚 1∶3 水泥砂浆；
- 保温层：40 厚挤塑聚苯板（按节能计算确定）；
- 防水层：1.5 厚合成高分子防水卷材；
- 块瓦面层：方案 A 或方案 B。

(7) 材料图例见图 9-4。

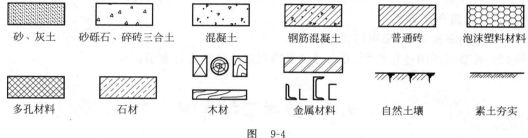

| 砂、灰土 | 砂砾石、碎砖三合土 | 混凝土 | 钢筋混凝土 | 普通砖 | 泡沫塑料材料 |

| 多孔材料 | 石材 | 木材 | 金属材料 | 自然土壤 | 素土夯实 |

图 9-4

9.3 成 果 要 求

成果形式为 2 号图纸两张，用钢笔墨线绘制，图纸内容及要求如下。

1. 平瓦（或水泥彩瓦、西式陶瓦）屋面＋砂浆卧瓦＋卷材柔性防水＋保温构造详图

(1) 按标准层平面图绘制出屋顶平面图（1∶100）。

(2) 绘制 5 个屋面构造节点详图（1∶10），即屋面构造做法、屋面泛水、檐沟、屋脊、老虎窗节点详图。布图时，要求按照顺序将节点从左到右布置在同一条水平线上。

2. 块瓦型钢板彩瓦屋面＋卷材柔性防水＋保温构造详图

(1) 按标准层平面图绘制出屋顶平面图（1∶100）。

(2) 绘制 5 个屋面构造节点详图（1∶10），即屋面构造做法、屋面泛水、檐沟、屋脊、老虎窗节点详图。布图时，要求按照顺序将节点从左到右布置在同一条水平线上。

3. 屋顶平面图绘制要求

(1) 按 1∶100 的比例完成屋顶平面图绘制，标注轴号、两道尺寸线、屋顶标高、屋脊标高等。

(2) 确定排水方式，排水坡度、方向，分水线、天沟，雨水管位置等。

4. 屋面构造做法节点详图

(1) 按照要求屋面构造层次画出楼板层的各层构造，并用构造层次引出线标注楼板层各层次的材料、做法以及厚度尺寸；标注楼面标高。

(2) 对节点详图进行编号，并在屋顶平面相对应位置进行索引标注。

5．屋面泛水节点详图

（1）画出泛水处构造做法详图，标明相关做法的尺寸及材料。

（2）对节点详图进行编号，并在屋顶平面相对应位置进行索引标注。

6．檐口天沟节点详图

（1）详图范围：下部画到天沟底面以下；上部画到室内坡屋面。上下要用折断线折断。

（2）天沟部分：画出钢筋混凝土天沟，表达与外墙及屋面的关系以及天沟的细部构造做法，并标注有关天沟的尺寸、标高等。

（3）层面板部分：按照构造层次画出楼板层的各层构造。

（4）对节点详图进行编号，并在屋顶平面相对应位置进行索引标注。

7．老虎窗节点详图

（1）画出断面详图，标明相关做法的尺寸及材料。

（2）对节点详图进行编号，并在屋顶平面相对应位置进行索引标注。

9.4　参考工程案例

工程案例见表 9-1。

表 9-1　工程案例（西式陶瓦，砂浆卧瓦，二级防水，有保温）

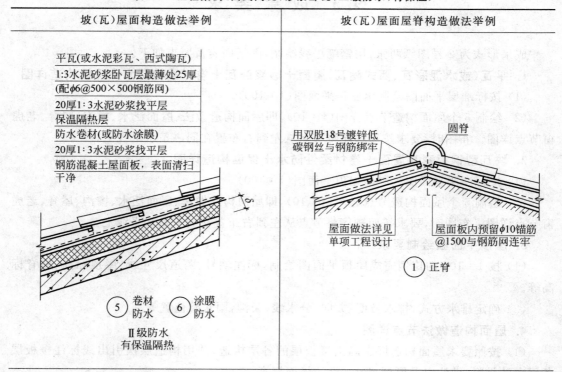

续表

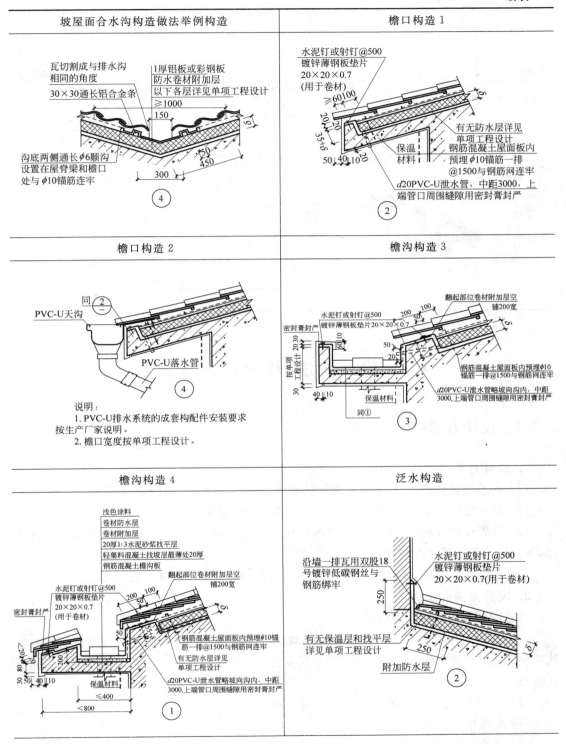

坡屋面合水沟构造做法举例构造	檐口构造1
瓦切割成与排水沟相同的角度 30×30通长铝合金条 1厚铝板或彩钢板防水卷材附加层以下各层详见单项工程设计 ≥1000 150 450 450 300 沟底两侧通长φ6顺沟设置在屋脊梁和檐口处与φ10锚筋连牢 ④	水泥钉或射钉@500 镀锌薄钢板垫片20×20×0.7（用于卷材） ≥60 100 有无防水层详见单项工程设计 钢筋混凝土屋面板内预埋φ10锚筋一排@1500与钢筋网连牢 保温材料 d20PVC-U泄水管，中距3000，上端管口周围缝隙用密封膏封严 ②
檐口构造2	檐沟构造3
同② ① PVC-U天沟 PVC-U落水管 ④ 说明： 1. PVC-U排水系统的成套构配件安装要求按生产厂家说明。 2. 檐口宽度按单项工程设计。	翻起部位卷材附加层空铺200宽 密封膏封严 水泥钉或射钉@500 镀锌钢板垫片20×20×0.7 200 100 按单项工程设计 同① 保温材料 钢筋混凝土屋面板内预埋φ10锚筋一排@1500与钢筋网连牢 d20PVC-U泄水管略坡向沟内，中距3000，上端管口周围缝隙用密封膏封严 ③
檐沟构造4	泛水构造
浅色涂料 卷材防水层 卷材附加层 20厚1:3水泥砂浆找平层 轻集料混凝土找坡层最薄处20厚 钢筋混凝土檐沟板 翻起部位卷材附加层空铺200宽 水泥钉或射钉@500 镀锌薄钢板垫片20×20×0.7（用于卷材） 密封膏封严 200 100 钢筋混凝土屋面板内预埋φ10锚筋一排@1500与钢筋网连牢 有无防水层详见单项工程设计 保温材料 ≤400 <800 d20PVC-U泄水管略坡向沟内，中距3000，上端管口周围缝隙用密封膏封严 ①	沿墙一排瓦用双股18号镀锌低碳钢丝与钢筋绑牢 水泥钉或射钉@500 镀锌薄钢板垫片20×20×0.7（用于卷材） 250 250 有无保温层和找平层详见单项工程设计 附加防水层 ②

老虎窗及坡屋大样

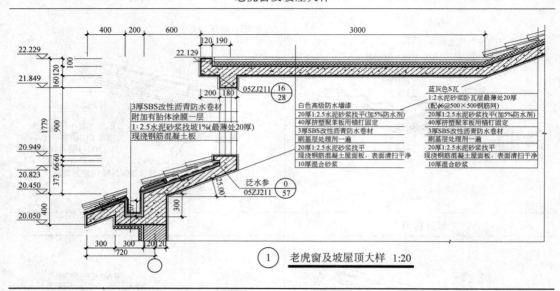

① 老虎窗及坡屋顶大样 1:20

9.5 设计方法、步骤和要点提示

9.5.1 设计方法和步骤

1. 设计之前的准备

（1）熟悉设计任务书，理解本次设计的要求，合理安排时间，按时完成设计。

（2）消化吸收所学过的理论知识，理论知识是一切实践性环节的基础。

（3）收集设计资料，设计时可以参考使用。学生在进行设计时，不要违背建筑设计规律，要严格按照建筑制图规范制图。

（4）理论联系实际，多参加一些工程实践，以使设计满足实际施工的需要。

2. 设计方法和步骤

注意图面布图合理而不局促。

注意线条的合理运用。在节点详图中，被剖到的墙体以及框架梁结构外轮廓线用粗实线绘制；被剖到的窗框等用中实线绘制；其余线条用细实线绘制。注意以上三种线型的对比要分明。

设计步骤大体如下（以檐沟沟节点详图为例）。

（1）先画屋面标高层线。

（2）再沿屋面标高线画坡（瓦）屋面板与天沟的关系，包括檐沟的位置、深度；坡屋面的角度等。

（3）按层次在坡(瓦)屋面上画出结合层、保温层、防水层、装饰瓦等构造。

（4）在此基础上画出关键处的做法。

（5）进行有关的尺寸或文字标注。

（6）标注图名、比例。

9.5.2 设计要点和常见问题提示

1. 坡屋顶平面设计要点

坡屋面按结构基层的组成方式可以分为有檩和无檩体系两种。无檩体系是将屋面板直接在山墙上、屋架或屋面梁上，瓦主要起造型和装饰作用。这种构造方式近年来常见于民用建筑屋盖，现行坡屋顶基层一般为钢筋混凝土板，坡度为30%～70%。

坡屋面名称随瓦的种类而定，如块瓦屋面、油毡瓦屋面、彩钢板屋面等，结构基层的做法则随瓦的种类和房屋的质量要求而定，一般为钢筋混凝土板。

2. 屋面构造做法设计要点

（1）单项工程中，应根据工程特点、地区自然条件和各层面防水等级要求，绘制相应节点做法，确定保护层、防水层、附加防水层、保温层、隔离层和找平层等的材料。

（2）基层：采用现浇钢筋混凝土板，具体单项工程结构设计确定。

（3）找平层：铺设卷材或涂抹防水的水泥砂浆找平层(20厚1:3水泥砂浆)，找平层应设分格缝，缝的纵横间距不宜大于6m。

（4）防水层：坡瓦屋面的防水材料为各种瓦材及与瓦材配合使用的各种涂膜防水材料和卷材防水材料。在有檩体系中，瓦通常铺设在由檩条、屋面板、挂瓦条等材料组成的基层上，无檩体系的瓦屋面基层则由各类钢筋混凝土板组成。

（5）保温层：应根据具体项目，按《民用建筑热工设计规范》和节能设计标准确定。

3. 坡屋面的细部构造

1）瓦材和铺设

（1）块瓦屋面。块瓦包括西式陶瓦、水泥瓦、黏土平瓦等能钩挂、可钉、绑固定的瓦材；铺瓦方式包括水泥砂浆卧瓦、钢挂瓦条、木挂瓦条。钢、木挂瓦条有两种固定方法，一种是挂瓦条固定在顺水条上，顺水条钉牢在细石混凝土找平层上，另一种不设顺水条，将挂瓦条和支承垫块直接钉牢在细石混凝土找平层上。

块瓦屋面要特别注意块瓦与屋面基层的加强固定措施，如是水泥砂浆卧瓦，可用双股18号铜丝将瓦与直径6mm钢筋绑牢；如是钢挂瓦条钩挂，可用18号铜丝与钢挂瓦条绑牢；如是用木挂瓦钩挂，可用40圆钉将瓦与木挂瓦条钉牢。

（2）油毡瓦屋面。油毡瓦是以玻纤毡为胎基的彩色瓦状屋面防水片材，规格一般为1000×333×2.8。铺瓦方式采用钉粘结合，以钉为主的方法直接铺于找平层上。

（3）块瓦形钢板彩瓦屋面。块瓦形钢板彩瓦是采用彩色薄钢板冷压成型呈连片瓦状的屋面防水板材，瓦材采用自攻螺钉固定于冷型钢挂瓦条上。

2）屋脊和天沟

平瓦屋面的屋脊可用1：1：4（水泥：石灰：砂子）混凝砂浆铺贴脊瓦；天沟一般用镀锌铁皮制成，两边包钉在瓦下的木条上。对于钢筋混凝土屋面板可在沟上做防水层，天沟应有足够的断面积，其上口宽度为300～500mm。

3）檐口

坡屋面的檐口式样有两种：一种是挑出檐，要求挑出部分的坡度与屋面坡度一致；另一种是女儿墙檐口，要做好女儿墙内侧的防水，以防渗漏。

（1）砖挑檐。砖挑檐一般不超过墙体厚度的1/2，且把大于240mm。每层砖挑长为60mm，砖可平挑出，也可把砖斜放，用砖角挑出，挑檐砖上方瓦伸出50mm。

（2）椽木挑檐。当屋面有椽木时，可以用椽木出挑，以支承挑出部分的屋面。挑出部分的椽条，外侧可钉封檐板，底部可钉木条并油漆。

（3）屋架端部附木挑檐或挑檐木挑檐。如需要较大挑长的挑檐，可以沿屋架下弦伸出附木，支承挑出的檐口木，并附木外侧面钉封檐板，在附木底部做檐口吊顶。对于不设屋架的房屋，可以在其横向承重墙内压砌砖挑檐木并外挑，用挑檐木支承挑出的檐口。

（4）钢筋混凝土挑天沟。当房屋屋面集水面积大、檐口高度高、降雨量大时，坡屋面的檐口可设钢筋混凝土天沟，并采用有组织排水。

4）山墙

双坡屋面的山墙有硬山和悬山两种。硬山是指山墙与屋面等高或高于屋面成女儿墙。悬山是把屋面挑出山墙之外。

5）斜天沟

坡屋面的房屋平面形状有凸出部分，屋面上会出现斜天沟。构造上常采用镀锌铁皮折成槽状，依势固定在斜天沟下的屋面板上，以做防水层。

6）烟筒泛水构造

烟筒四周应做泛水，以防雨水的渗漏。一种做法是镀锌铁皮泛水，将镀锌铁皮固定在烟筒四周的预埋件上，向下排水。在靠近屋脊的一侧，铁皮伸入瓦下，在靠近檐口的一侧，铁皮盖在瓦面上。另一种做法是用水泥砂浆或水泥石灰麻刀砂浆做抹灰泛水。

7）檐沟和落水管

坡屋面房屋采用有组织排水时，需在檐口处设檐沟，并布置落水管。坡屋面排水计算、落水管的布置数量、落水管、雨水斗、落水口等要求同平屋顶有关要求。坡屋面檐沟和落水管可用镀锌铁皮、玻璃钢、石棉水泥管等材料。

9.6　考　核　方　案

考核方案见表9-2。

表 9-2 "坡(瓦)屋面防排水构造设计"专项能力训练考核表

序号	学生姓名	考核方式	评价内容及能力要求				评分	权重	成绩
			出勤率	训练表现	训练内容质量及成果	问题答辩			
			只扣分不加分	10分	60分	30分			
			1. 迟到一次扣2分,旷课一次扣5分 2. 缺课1/3学时以上该专项能力不记分	1. 学习态度端正(4) 2. 积极思考问题、动手能力强(6)	1. 满足任务书要求(20) 2. 符合国家有关制图标准要求(尺寸标注齐全、字体端正整齐、线型粗细分明)(10) 3. 构造合理可行、图面表达清晰、图示内容表达完善(20) 4. 运用科学方法,构造合理可行(10)	1. 正确回答问题(20) 2. 结合实践、灵活运用(10)			
1	×××	学生自评						30%	
		学生互评						30%	
		教师评阅						40%	

实训 10　绿化屋面构造设计

10.1　实训目的与要求

绿化屋面构造设计是施工图表达内容之一。学生通过学习本实训,掌握绿化屋面构造及其设计要点,训练绘制施工图的能力。使学生掌握室外,尤其是建筑屋顶及架空层顶部绿化构造处理及表达方法,并提高施工图绘制与表达能力。

(1) 初步了解绿化屋面构造材料。

(2) 掌握绿化屋面构造要求及常见做法。

(3) 掌握从施工图的角度绘制绿化屋面构造剖面详图。

(4) 了解绿化屋面构造的基本知识。

(5) 学会在分析问题的过程中,寻求解决方案,如知识的自我完善,工程实践的基本处理方案。

10.2　设　计　任　务

根据以下条件,完成架空中庭绿化构造设计。

(1) 某市一医院架空中庭绿化(图 10-1),铺装设计总平面图如图 10-2 所示。根据此图进行本次设计。

(2) 采用钢筋混凝土架空屋面板。

(3) 面层:轻质种植土,厚度为 600mm。

(4) 排水层用 20 厚塑料排水板。

(5) 绿化屋面基本构造做法如下(由上到下)。

- 种植基质(蛭石、珍珠岩、锯末、草炭土、松散材料),厚度按种植植物规格确定;
- 土工布过滤层;
- 20 厚塑料板排水层;
- 找坡层(坡度 1%);
- 40 厚 C20 细石混凝土保护层;
- 10 厚低标号砂浆隔离层;
- 耐根穿刺防水层;
- 防水层;
- 20 厚 1:3 水泥砂浆找平层;
- 防水钢筋混凝土楼板。

图 10-1

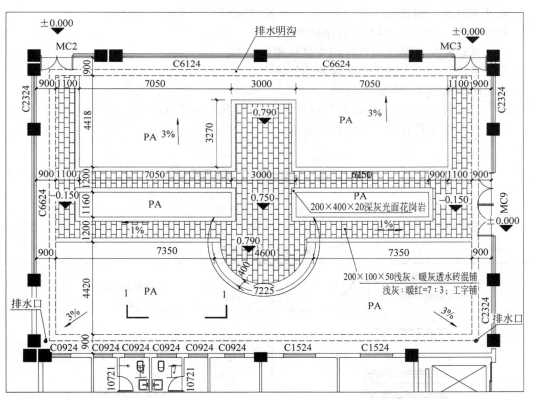

图 10-2

（6）材料图例见图 10-3。

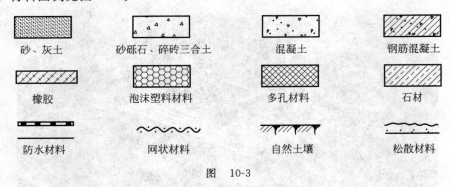

砂、灰土　　　　砂砾石、碎砖三合土　　　　混凝土　　　　钢筋混凝土

橡胶　　　　泡沫塑料材料　　　　多孔材料　　　　石材

防水材料　　　　网状材料　　　　自然土壤　　　　松散材料

图　10-3

10.3　成　果　要　求

成果形式为 3 号图纸一张，钢笔墨线绘制，图纸内容及要求如下。

（1）按 1∶5 比例绘制人行游路断面详图。

（2）各结构层材料表达符合相关材料图例要求。

（3）结构层标注方式参考工程案例标注方式。

（4）断面两端要用折断线折断。

（5）对材料图例、剖切线以及材料标注线、文字进行线形区分。

（6）材料规格符合人行功能特点要求。

10.4　参考工程案例

工程案例见表 10-1。

表 10-1　工程案例

有保温隔热上人屋面 有保温隔热隔汽上人屋面	种植屋面构造

续表

有保温隔热上人屋面 有保温隔热隔汽上人屋面	种植屋面构造
• 种植基质(蛭石、珍珠岩、锯末、草炭土、松散的材料)厚度按种植植物规格确定 • 土工布过滤层 • 20厚塑料板排水层 • 40厚C20细石混凝土保护层 • 10厚低标号砂浆隔离层 • 防水层 • 20厚1:3水泥砂浆找平层 • 最薄30厚LC5.0轻集料混凝土2%找坡层 • 保温或隔热层 • 1.2厚聚氨酯防水涂料隔汽层(G5)(有保温隔热隔汽上人屋面) • 20厚1:3水泥砂浆找平层(有保温隔热隔汽上人屋面) • 钢筋混凝土楼板	• 种植基质(蛭石、珍珠岩、锯末、草炭土、松散的材料)厚度按种植植物规格确定 • 土工布过滤层 • 20厚塑料板排水层 • 40厚C20细石混凝土保护层 • 10厚低标号砂浆隔离层 • 防水层 • 20厚1:3水泥砂浆找平层 • 最薄30厚LC5.5轻集料混凝土2%找坡层 • 钢筋混凝土楼板
地下室顶板高于室外地坪构造	地下室顶板低于室外地坪构造
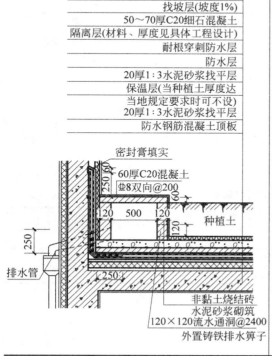	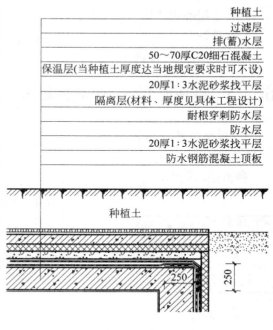

10.5　设计方法、步骤和要点提示

10.5.1　设计方法和步骤

1. 设计之前的准备

（1）熟悉设计任务书，理解本次设计的目的要求，并合理安排时间，按时完成设计。

（2）消化吸收所学过的理论知识，理论知识是一切实践性环节的基础。

（3）收集设计资料，设计时可以参考使用。学生在进行设计时，要严格按照园林制图规范制图。

（4）理论联系实际，多参加一些工程实践锻炼，以使设计满足实际施工的需要。

2. 设计方法和步骤

注意图面布图合理而不局促。

注意线条的合理运用。在断面详图中，被剖到的结构层线用粗实线绘制；材料图例填充用中实线绘制；其余线条用细实线绘制。注意以上三种线型的对比要分明。

设计步骤大体如下。

（1）先确定比例。

（2）用粗实线画出各构造层，并确定各构造层厚度。

（3）绘制路面构造断面两端的折断线。

（4）绘制各构造层填充图例。

（5）进行有关的尺寸或文字标注。

（6）标注图名、比例。

10.5.2　设计要点和常见问题提示

1. 种植基质层设计要点

1）厚度

种植基质层厚度见表 10-2。

表 10-2　种植基质层厚度　　　　　　单位：cm

植物种类	自然土壤	人工种植基质
地被	150～200	150
灌木	300～500	250
乔木	800～900	500

2）材料

蛭石、珍珠岩、锯末、草炭土、松散的材料。

2. 屋面排水层设计要点

屋面排水层设计要点见表 10-3。

表 10-3　屋面排水层设计要点

编号	材 料 做 法
排 1	塑料板或橡胶板排水层(采用成品专用塑料排水板或橡胶排水板)
排 2	混凝土架空排水层
排 3	陶粒或卵石排水层(陶粒粒径 20～30mm,避免颗粒大小级配不利于排水)

3. 屋面防水设计要点

种植屋面防水一般采用一级防水要求,宜选用:合成高分子防水卷材;高聚合物改性沥青防水卷材;金属板材;合成高分子防水涂料;细石防水混凝土等材料。如 3 厚双层 SBS 改性沥青防水卷材、3 厚双层 APP 改性沥青防水卷材等多种材料。耐根穿刺材料一般选择 SBS 改性沥青耐根穿刺防水卷材等。

10.6　考 核 方 案

考核方案见表 10-4。

表 10-4　"绿化屋面构造设计"专项能力训练考核表

序号	学生姓名	考核方式	评价内容及能力要求				评分	权重	成绩
			出勤率	训练表现	训练内容质量及成果	问题答辩			
			只扣分不加分	10 分	60 分	30 分			
			1. 迟到一次扣 2 分,旷课一次扣 5 分 2. 缺课 1/3 学时以上该专项能力不记分	1. 学习态度端正(4) 2. 积极思考问题、动手能力强(6)	1. 满足任务书要求(20) 2. 符合国家有关制图标准要求(尺寸标注齐全、字体端正整齐、线型粗细分明)(10) 3. 构造合理可行、图面表达清晰、图示内容表达完善(20) 4. 运用科学方法,构造合理可行(10)	1. 正确回答问题(20) 2. 结合实践、灵活运用(10)			
1	×××	学生自评						30%	
		学生互评						30%	
		教师评阅						40%	

实训 11 变形缝构造设计

11.1 实训目的与要求

变形缝是伸缩缝、沉降缝和防震缝的总称。建筑物在外界因素的作用下常会产生变形，导致开裂甚至破坏，变形缝就是针对这种情况而预留的构造缝。在可能引起结构破坏的变形的敏感部位或其他必要的部位，通过预先设缝将整个建筑物完全断开，使断开后建筑物的各部分成为独立的单元，或者是划分为简单、规则、均一的段，并使各段间的缝达到一定的宽度，以能适应变形的需要。学生通过学习本任务，了解变形缝的类型及其构造做法，掌握内外墙体、楼地面及屋面变形缝构造处理及表达方法，并提高施工图绘制与表达能力。

（1）初步了解变形缝的构造知识。

（2）掌握变形缝各类构造做法并能进行设计。

11.2 设计任务

根据以下条件，完成建筑变形缝构造设计（见图 11-1）。

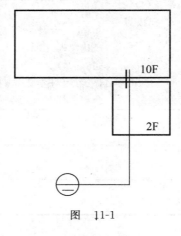

图 11-1

（1）画出图 11-1 中 2 层屋面与 10 层外墙之间沉降缝的节点构造详图，其中砖墙墙厚 240mm，现浇钢筋混凝土屋面板 120mm 厚，沉降缝净宽为 100mm。

（2）画出图 11-1 中，外墙转角处的伸缩缝构造做法，其中砖墙墙厚 240mm，伸缩缝净宽为 30mm。

（3）画出图11-1中内墙伸缩缝的一种构造做法，其中砖墙墙厚240mm，伸缩缝净宽为30mm。

（4）画出图11-1中楼板层伸缩缝的构造做法，其中砖墙墙厚240mm，现浇钢筋混凝土屋面板120mm厚，伸缩缝净宽为30mm。

（5）画出图11-1中不上人平屋面的伸缩缝构造做法，其中砖墙墙厚240mm，现浇钢筋混凝土屋面板120mm厚，伸缩缝净宽为30mm。

（6）材料图例见图11-2。

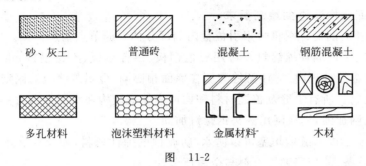

图　11-2

11.3　成　果　要　求

成果形式为3号图纸一张，比例为1：20，钢笔墨线绘制，排版自定。图纸内容及要求如下。

1. 高低层沉降缝构造详图绘制要求

（1）详图范围：剖切详图符号索引位置2层屋面和10层外墙之间的沉降缝节点构造详图。

（2）盖缝部分：在高屋面一侧墙上设挡雨板，以防雨水渗漏至沉降缝内，盖板可以选用金属盖板或者预制混凝土盖板，金属盖板应用射钉与结构固定，并用油膏嵌缝，预制混凝土盖板应挑出泛水外边缘，板上应做一定的排水坡度，板端下部应做滴水。

（3）泛水部分：变形缝泛水宜采用配筋混凝土结构墙，倒置式屋面变形缝泛水应加铺防水卷材或者涂抹防水涂料一道伸入屋面，泛水高度要满足要求及转角处做成圆弧或斜面并一次浇筑而成，不留施工缝。

（4）嵌缝部分：缝端可堵塞嵌缝膏，缝口可采用聚乙烯泡沫塑料棒填塞；缝内填塞可以防水、防腐蚀的弹性材料，如沥青麻丝、沥青木丝板、泡沫塑料条、橡胶条、油膏等弹性材料与金属调节片。

（5）屋面面层部分：按单项工程设计。

2. 外墙转角伸缩缝构造详图绘制要求

（1）详图范围：外墙转角部分伸缩缝节点构造详图。

（2）盖缝部分：伸缩缝封口可用镀锌铁皮、铝皮做盖缝处理，在盖缝处理时，应注意缝与所在墙面相协调，金属盖缝板的固定点均离变形缝边要有一定的距离。所有填缝及盖缝材料和构造应保证结构在水平方向自由伸缩而不被破坏。可采用钢板网加固，钢板网用圆头钢螺钉加固。

（3）嵌缝部分：外墙缝内填塞可以防水、防腐蚀的弹性材料，如沥青麻丝、沥青木丝板、泡沫塑料条、橡胶条、油膏等弹性材料与金属调节片。

（4）外墙面面层部分：按单项工程设计。

3．内墙伸缩缝构造详图绘制要求

（1）详图范围：剖切详图符号索引位置内墙部分伸缩缝节点构造详图。

（2）盖缝部分：内墙伸缩缝封口可用彩色钢板、铝合金板、不锈钢板、难燃装饰防火板做盖缝处理。在盖缝处理时，应注意缝与所在墙面相协调，金属盖缝板的固定点均离变形缝边要有一定的距离。所有填缝及盖缝材料和构造应保证结构在水平方向自由伸缩而不被破坏。可采用钢板网加固，钢板网用圆头钢螺钉加固。

（3）嵌缝部分：内墙缝内填塞可以防水、防腐蚀的弹性材料，如沥青麻丝、沥青木丝板、泡沫塑料条、橡胶条、油膏等弹性材料与金属调节片。

（4）内墙面面层部分：按单项工程设计。

4．楼板层伸缩缝构造详图绘制要求

（1）详图范围：剖切详图符号索引位置楼板层部分伸缩缝节点构造详图。

（2）盖缝部分：楼板层伸缩缝封口可用热镀锌钢板、铝合金板、塑料硬板、块料、橡胶板等做盖缝处理，在盖缝处理时，应注意缝与所在墙面相协调，金属盖缝板的固定点均离变形缝边要有一定距离。所有填缝及盖缝材料和构造应保证结构在水平方向自由伸缩而不破坏。结构层上需采用水泥砂浆找平，在其上用U形铝合金板盖住缝口。

（3）嵌缝部分：内墙缝内填塞可以防水、防腐蚀的弹性材料，如沥青麻丝、沥青木丝板、泡沫塑料条、橡胶条、油膏等弹性材料与金属调节片。缝内可堵塞嵌缝膏。

（4）楼板面层部分：按单项工程设计。

5．不上人平屋面伸缩缝构造详图绘制要求

（1）详图范围：剖切详图符号索引位置屋顶部分伸缩缝节点构造详图。

（2）泛水部分：应满足泛水的构造要求，变形缝泛水宜采用配筋混凝土结构墙，倒置式屋面变形缝泛水应加铺防水卷材或者涂抹防水涂料一道，伸入屋面，泛水高度应不小于构造要求，转角处做成圆弧或斜面并一次浇筑而成，不留施工缝。

（3）盖缝部分：可用彩色钢板、铝合金板、不锈钢板等做盖缝处理，在盖缝板两端应采用射钉进行固定。

（4）嵌缝部分：缝内填塞可以防水、防腐蚀的弹性材料，如沥青麻丝、沥青木丝板、泡沫塑料条、橡胶条、油膏等弹性材料与金属调节片。缝内可堵塞嵌缝膏，缝口可采用聚乙烯泡沫塑料棒填塞。

（5）屋面面层部分：按单项工程设计。

11.4 参考工程案例

工程案例见表11-1。

表 11-1 工程案例

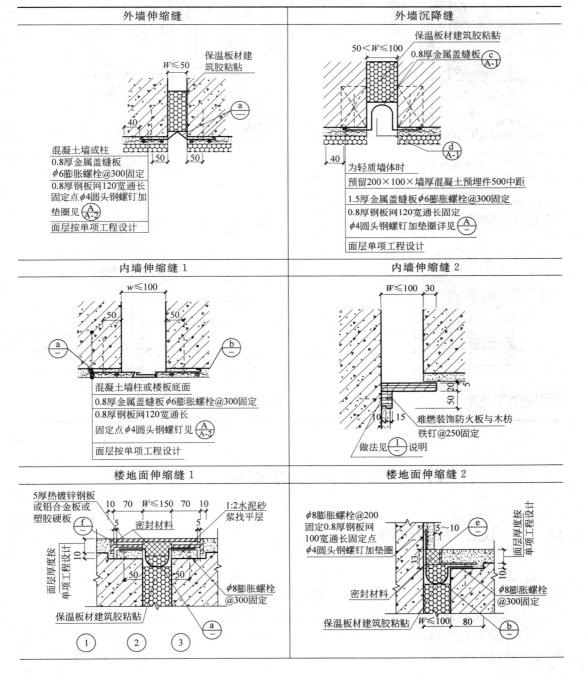

续表

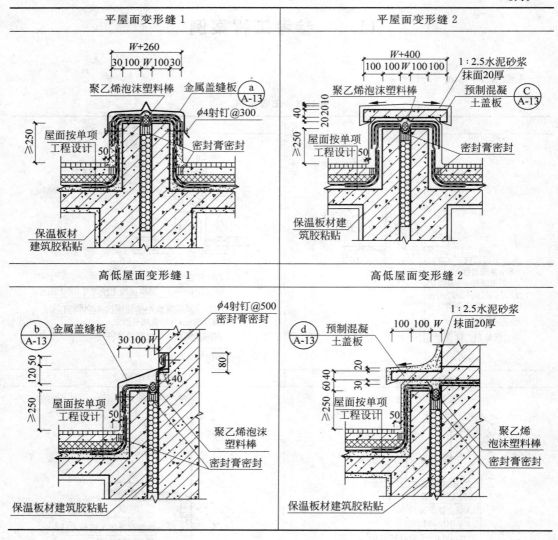

11.5 设计方法、步骤和要点提示

11.5.1 设计方法和步骤

1. 设计之前的准备

（1）熟悉设计任务书,理解本次设计的目的要求,合理安排时间,按时完成设计。

（2）消化吸收所学过的理论知识,理论知识是一切实践性环节的基础。

（3）收集设计资料,设计时可以参考使用。学生在进行设计时,不要违背建筑设计规律,要严格按照建筑制图规范制图。

（4）理论联系实际，多参加一些工程实践锻炼，以使设计满足实际施工的需要。

2. 设计方法和步骤

注意图面布图合理而不局促。

注意线条的合理运用。在变形缝节点详图中，墙体以及楼板外轮廓线用粗实线绘制；螺栓螺钉用中实线绘制；其余线条用细实线绘制。注意以上三种线型的对比要鲜明。

设计步骤大体如下（以外墙转角伸缩缝为例）。

（1）先画混凝土墙体，确定伸缩缝宽度。

（2）再画金属盖缝板，用膨胀螺栓固定。

（3）画钢板网，用圆头钢螺钉加固。

（4）缝内保温板材用建筑胶粘贴。

（5）外墙面面层按单项工程设计。

（6）进行有关的尺寸或文字标注。

（7）标注图名、比例。

11.5.2　设计要点和常见问题提示

1. 高低层沉降缝设计要点

（1）高低层沉降缝宽度为 100mm。

（2）在高屋面一侧 250mm 高的墙上设有挡雨板，以防雨水渗漏至沉降缝内，盖板可以选用金属盖板或者预制混凝土盖板，金属盖板应用射钉与结构固定，并用油膏嵌缝，预制混凝土盖板应挑出泛水外边缘至少 50mm，板上应做一定的排水坡度，板端下部应做滴水。

（3）应满足泛水的构造要求，变形缝泛水宜采用配筋混凝土结构墙，倒置式屋面变形缝泛水应加铺防水卷材或者涂抹防水涂料一道，伸入屋面 500mm，泛水高度应不小于 250mm，转角处做成圆弧或 45°斜面并一次浇筑而成，不留施工缝。

（4）缝内可堵塞嵌缝膏，缝口可采用聚乙烯泡沫塑料棒填塞。

（5）缝内填塞可用防水、防腐蚀的弹性材料，如沥青麻丝、沥青木丝板、泡沫塑料条、橡胶条、油膏等弹性材料与金属调节片。

（6）屋面面层按单项工程设计。

2. 外墙转角伸缩缝设计要点

（1）外墙转角伸缩缝宽度为 30mm。

（2）外墙伸缩缝封口可用镀锌铁皮、铝皮做盖缝处理，在盖缝处理时，应注意缝与所在墙面相协调。所有填缝及盖缝材料和构造应保证结构在水平方向自由伸缩而不被破坏。如采用 0.8 厚金属盖缝板，可用 $\phi 6$ 膨胀螺栓@300 固定，金属盖缝板的固定点均离变形缝边 50mm。

（3）可用 0.8 厚钢板网 120 宽通长固定，$\phi 4$ 圆头钢螺钉加固。

（4）外墙缝内填塞可用防水、防腐蚀的弹性材料，如沥青麻丝、沥青木丝板、泡沫塑料条、橡胶条、油膏等弹性材料与金属调节片。

（5）外墙面面层按单项工程设计。

3. 内墙伸缩缝设计要点

（1）内墙伸缩缝宽度为 30mm。

（2）内墙伸缩缝封口可用彩色钢板、铝合金板、不锈钢板、难燃装饰防火板做盖缝处理，在盖缝处理时，应注意缝与所在墙面相协调。所有填缝及盖缝材料和构造应保证结构在水平方向自由伸缩而不被破坏。如采用 0.8 厚金属盖缝板，用 $\phi 6$ 膨胀螺栓@300 固定，金属盖缝板的固定点均离变形缝边 50mm。

（3）0.8 厚钢板网 120 宽通长固定，$\phi 4$ 圆头钢螺钉加固。

（4）内墙缝内填塞可用防水、防腐蚀的弹性材料，如沥青麻丝、沥青木丝板、泡沫塑料条、橡胶条、油膏等弹性材料与金属调节片。

（5）内墙面面层按单项工程设计。

4．楼板层伸缩缝设计要点

（1）楼板层伸缩缝的位置和大小，应与墙体伸缩缝一致，为 30mm。

（2）楼板层伸缩缝应从基层到面层全部断开，保证其自由伸缩，同时保证地面层和顶棚美观。

（3）楼板层伸缩缝封口可用热镀锌钢板、铝合金板、塑料硬板、块料、橡胶板等做盖缝处理，在盖缝处理时，应注意缝与所在墙面相协调。所有填缝及盖缝材料和构造应保证结构在水平方向自由伸缩而不被破坏。如采用 5 厚热镀锌钢板，用 $\phi 8$ 膨胀螺栓@300 固定，金属盖缝板的固定点均离变形缝边 50mm。

（4）结构层上用 1∶2 的水泥砂浆找平，在其上用 1 厚铝合金板盖缝。

（5）内墙缝内填塞可以防水、防腐蚀的弹性材料，如沥青麻丝、沥青木丝板、泡沫塑料条、橡胶条、油膏等弹性材料与金属调节片。

（6）缝内可堵塞嵌缝膏。

（7）楼板面层按单项工程设计。

5．不上人平屋面伸缩缝设计要点

（1）不上人屋面伸缩缝宽度为 30mm。

（2）应满足泛水的构造要求，变形缝泛水宜采用配筋混凝土结构墙，倒置式屋面变形缝泛水应加铺防水卷材或者涂抹防水涂料一道，伸入屋面 500mm，泛水高度应不小于 250mm，转角处做成圆弧或 45°斜面并一次浇筑而成，不留施工缝。

（3）缝内可堵塞嵌缝膏，缝口可采用聚乙烯泡沫塑料棒填塞。

（4）缝顶可用彩色钢板、铝合金板、不锈钢板等做盖缝处理，在盖缝板两端应采用 $\phi 4$ 射钉@300 进行固定。

（5）缝内填塞可用防水、防腐蚀的弹性材料，如沥青麻丝、沥青木丝板、泡沫塑料条、橡胶条、油膏等弹性材料与金属调节片。

（6）屋面面层按单项工程设计。

11.6 考核方案

考核方案见表 11-2。

表 11-2 "变形缝构造设计"专项能力训练考核表

序号	学生姓名	考核方式	评价内容及能力要求				评分	权重	成绩
			出勤率	训练表现	训练内容质量及成果	问题答辩			
			只扣分不加分	10分	60分	30分			
			1. 迟到一次扣2分,旷课一次扣5分 2. 缺课1/3学时以上该专项能力不记分	1. 学习态度端正(4) 2. 积极思考问题、动手能力强(6)	1. 满足任务书要求(20) 2. 符合国家有关制图标准要求(尺寸标注齐全、字体端正整齐、线型粗细分明)(10) 3. 构造合理可行、图面表达清晰、图示内容表达完善(20) 4. 运用科学方法,构造合理可行(10)	1. 正确回答问题(20) 2. 结合实践、灵活运用(10)			
1	×××	学生自评						30%	
		学生互评						30%	
		教师评阅						40%	

实训 12 门构造设计

12.1 实训目的与要求

门的构造设计是施工图表达的内容之一。学生通过学习本实训,了解掌握平开门中木门的构造做法,能熟练地绘制平开门中木门扇与门套的构造做法,并提高施工图绘制与表达能力。

(1) 初步了解门的基本认知。

(2) 掌握在装饰施工图中平开木门的构造要求及常见做法。

(3) 掌握如何从装饰施工图的角度表达装饰详图。

(4) 了解门的五金选配及门的隔音处理的基本知识。

(5) 学会在分析问题的过程中,寻求解决方案,如知识的自我完善,工程实践的基本处理方案。

12.2 设 计 任 务

根据以下条件,完成木门构造设计。

(1) 已知某酒店客房木门样式图,如图 12-1 所示。试根据此图进行客房木门的细部节点构造设计。

(2) 采用现浇钢筋混凝土楼板。

(3) 隔墙吊顶为轻钢龙骨石膏板白色乳胶漆。

(4) 木门的构造做法如下(由内至外)。

- 18 厚细木工板做骨料;
- 中度纤维板;
- 木饰面板上刷清漆。

(5) 木门套的构造做法如下(由内至外)。

- 9～12 厚的多层板;
- 18 厚的多层板表面贴木饰面板;
- 12 厚中纤维板表面贴木饰面板;
- 开启一侧防撞条;
- L 形门线。

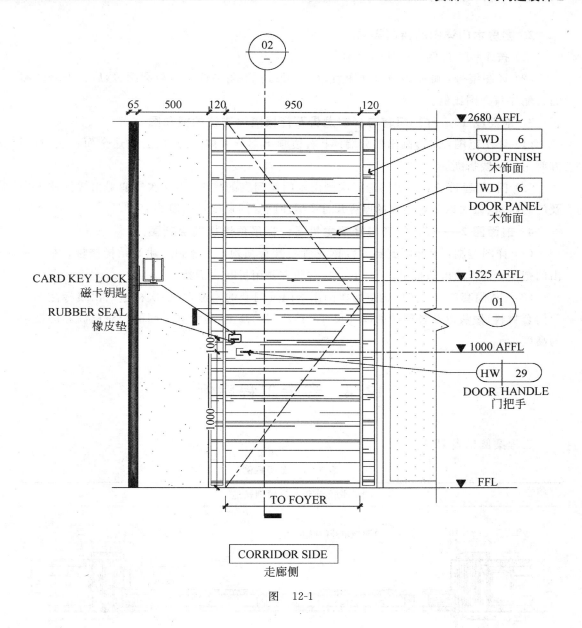

图 12-1

12.3 成 果 要 求

成果形式为 3 号图纸一张,钢笔墨线绘制,图纸内容及要求如下。

1. 门的详图

按门造型图上剖切位置画出门、门套与吊顶部分的节点构造和门、门套与轻钢龙骨石膏板隔墙连接的节点构造。布图时,要求按照顺序将 1、2 剖面依次布置。并根据具体情况绘制相应的大样图。

2．客房木门详图的绘制要求

（1）按 1∶10 比例完成详图绘制。

（2）详图编号：画完该节点详图后，在详图的右下角画详图编号圆圈，然后在编号圆圈的右侧注写详图比例。

3．剖面图 1——门、门套与轻钢龙骨石膏板隔墙连接的横剖图

（1）详图范围：左边画出部分墙体；右边画出部分墙体。门、门套表达全面。左、右两方要用折断线折断。

（2）门、门套部分：按照构造层次画出木门及门套的构造，用层次构造引出线标注木门及门套材料、做法以及各层次的厚度尺寸；标注门套的宽度及门扇的宽度。

4．剖面图 2——门、门套与轻钢龙骨石膏板吊顶连接的纵剖图

（1）详图范围：上部画到部分轻钢龙骨石膏板吊顶；下部画到建筑结构楼板；左边画出门把手；右边画出门把手。上、下、左、右四方要用折断线折断。

（2）门、门套部分：按照构造层次画出木门及门套的构造，用层次构造引出线标注木门及门套材料、做法以及各层次的厚度尺寸；标注门的高度、地面完成面的相对标高和门把手的高度。

12.4　参考工程案例

工程案例见表 12-1。

表 12-1　工程案例

平板单开木门横剖构造

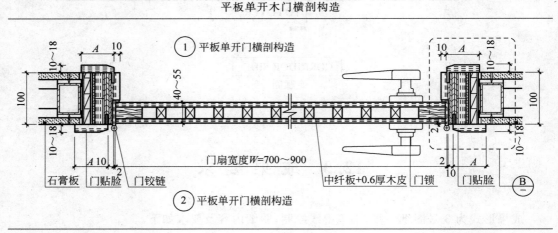

续表

木门套与轻钢龙骨石膏板隔墙连接节点构造	平板单开木门纵剖构造

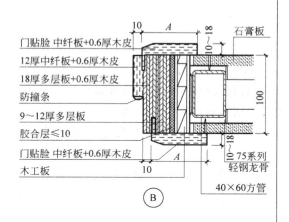

门贴脸 中纤板+0.6厚木皮
12厚中纤板+0.6厚木皮
18厚多层板+0.6厚木皮
防撞条
9～12厚多层板
胶合层≤10
门贴脸 中纤板+0.6厚木皮
木工板
石膏板
75系列轻钢龙骨
40×60方管

Ⓑ

木门套与钢筋混凝土结构节点构造

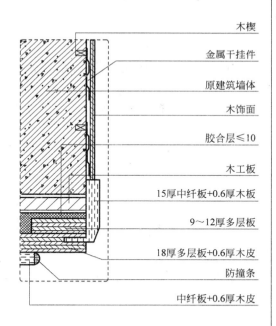

木楔
金属干挂件
原建筑墙体
木饰面
胶合层≤10
木工板
15厚中纤板+0.6厚木皮
9～12厚多层板
18厚多层板+0.6厚木皮
防撞条
中纤板+0.6厚木皮

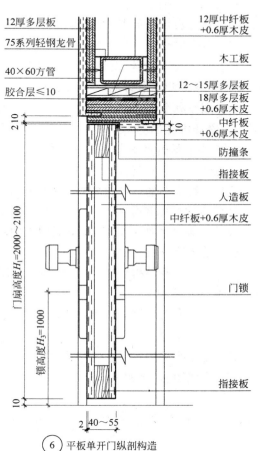

12厚多层板
75系列轻钢龙骨
40×60方管
胶合层≤10

12厚中纤板+0.6厚木皮
木工板
12～15厚多层板
18厚多层板+0.6厚木皮
中纤板+0.6厚木皮
防撞条
指接板
人造板
中纤板+0.6厚木皮
门锁
指接板

门洞高度H_1=2000～2100
锁高度H_3=1000

⑥ 平板单开门纵剖构造

12.5 设计方法、步骤和要点提示

12.5.1 设计方法和步骤

1. 设计之前的准备

(1) 熟悉设计任务书,理解本次设计的要求,并合理安排时间,按时完成设计。

(2) 消化吸收所学过的理论知识,理论知识是一切实践性环节的基础。

(3) 收集设计资料,设计时可以参考使用。学生在进行设计时,不要违背装饰设计规律,要严格按照建筑装饰制图规范制图。

(4) 理论联系实际,多参加一些工程实践,以使设计满足实际施工的需要。

2. 设计方法和步骤

注意整个图面布图合理而不局促。

注意线条的合理运用。在三个节点详图中,被剖到的墙体以及过梁结构外轮廓线用粗实线绘制;被剖到的各种材料外轮廓线等用中实线绘制;其余线条用细实线绘制。注意以上三种线型的对比要分明。

设计步骤大体如下(以门套节点图为例)。

(1) 选定比例、定图幅。

(2) 绘制原有结构形态、基层材料和连接材料及构造、配件之间的相互关系,标明基层、面层装饰材料的种类。

(3) 绘制出剖到部分的装饰构造层次,施工工艺、连接方式以及材料图例。

(4) 明确图面线条等级。

(5) 进行有关的尺寸或文字标注。

(6) 标注图名、比例。

12.5.2 设计要点和常见问题提示

门构造设计要点如下。

(1) 若门的高度超过 2400mm 时,轻钢龙骨隔墙连接方式不能选用正反扣的方式。要用方钢加轻钢龙骨的组合。

(2) 注意表明门的开启方向。

(3) 在标注门的尺寸时,应该明确标注门套尺寸和门扇尺寸,门厚度为 50mm 为宜。

12.6 考 核 方 案

考核方案见表 12-2。

表 12-2 "门构造设计"专项能力训练考核表

序号	学生姓名	考核方式	评价内容及能力要求				评分	权重	成绩
			出勤率	训练表现	训练内容质量及成果	问题答辩			
			只扣分不加分	10分	60分	30分			
			1. 迟到一次扣2分,旷课一次扣5分 2. 缺课1/3学时以上该专项能力不记分	1. 学习态度端正(4) 2. 积极思考问题、动手能力强(6)	1. 满足任务书要求(20) 2. 符合国家有关制图标准要求(尺寸标注齐全、字体端正整齐、线型粗细分明)(10) 3. 构造合理可行、图面表达清晰、图示内容表达完善(20) 4. 运用科学方法,构造合理可行(10)	1. 正确回答问题(20) 2. 结合实践、灵活运用(10)			
1	×××	学生自评						30%	
		学生互评						30%	
		教师评阅						40%	

实训 *13* 窗构造设计

13.1 实训目的与要求

窗的构造设计是施工图表达的内容之一。学生通过学习本实训,了解掌握建筑设计中窗户的构造做法,能熟练地绘制门窗大样,提高施工图绘制与表达能力。

(1) 初步了解窗的基本认知。

(2) 掌握在建筑施工图中窗的构造要求及常见做法。

(3) 掌握如何从标准图集中查询常用门窗构造做法。

(4) 掌握建筑施工图中门窗表的绘制方法。

(5) 学会在分析问题的过程中,寻求解决方案,如知识的自我完善,工程实践的基本处理方案。

13.2 设计任务

根据以下条件,完成构造设计。

(1) 已知某别墅施工图,如图 13-1 所示。试根据此图完成门窗表,并完成指定飘窗 TC1、TC1′大样详图及其构造详图。

(2) 采用钢筋混凝土楼板。

(3) 材料图例见图 13-2。

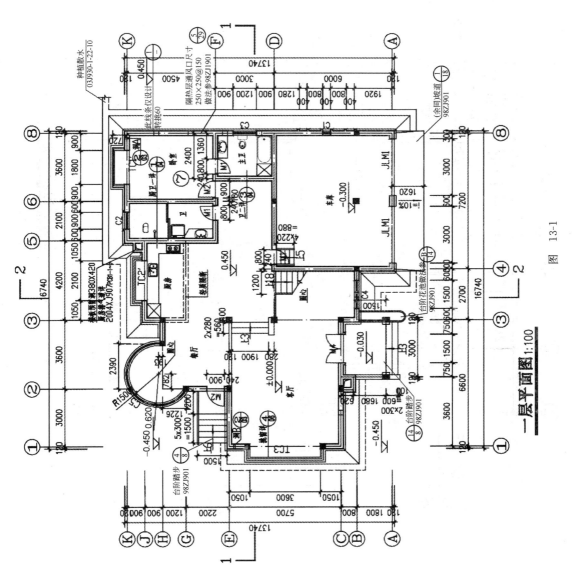

一层平面图 1:100

图 13-1

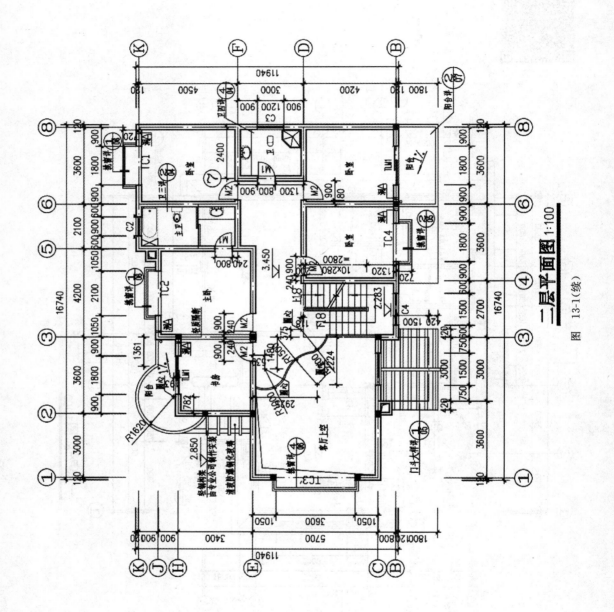

二层平面图 1:100

图 13-1(续)

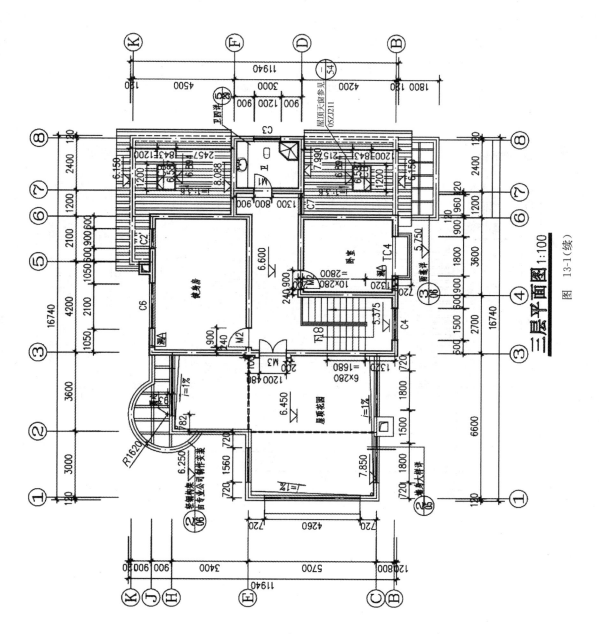

三层平面图 1:100

图 13-1（续）

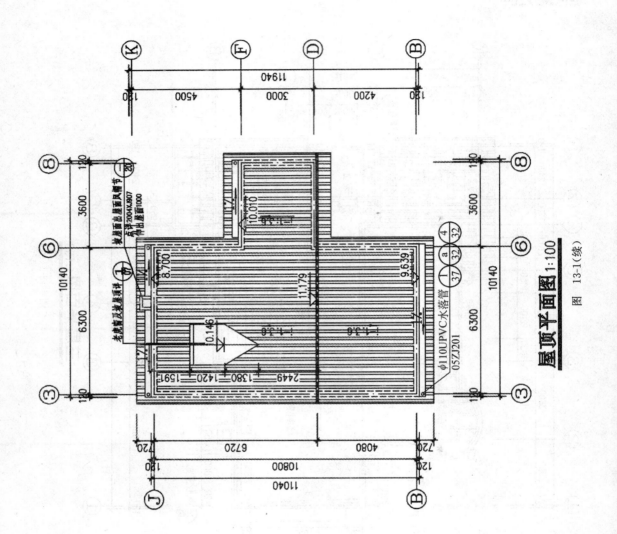

屋顶平面图 1:100

图 13-1(续)

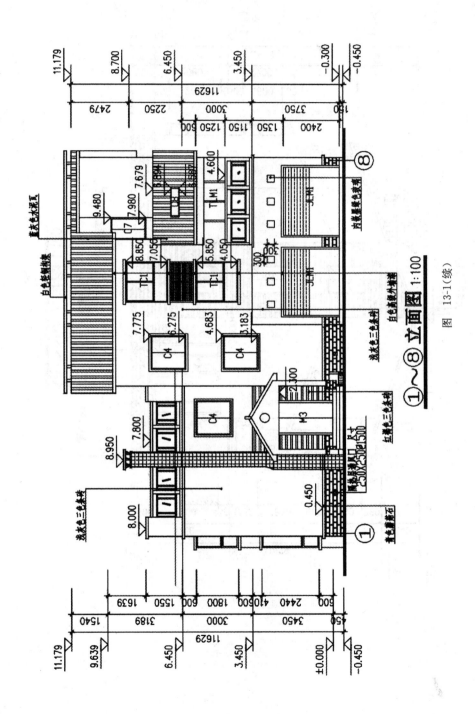

图 13-1（续）

①～⑧ 立面图 1:100

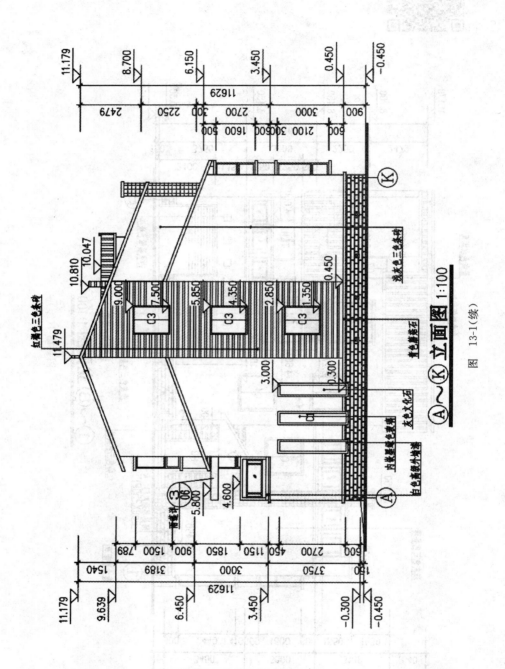

图 13-1（续）

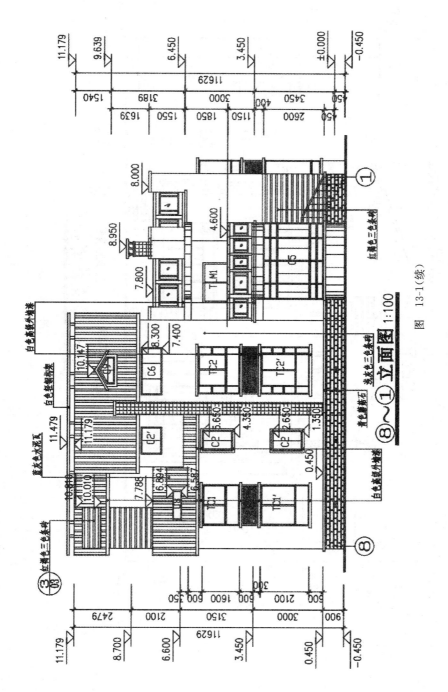

图 13-1（续）

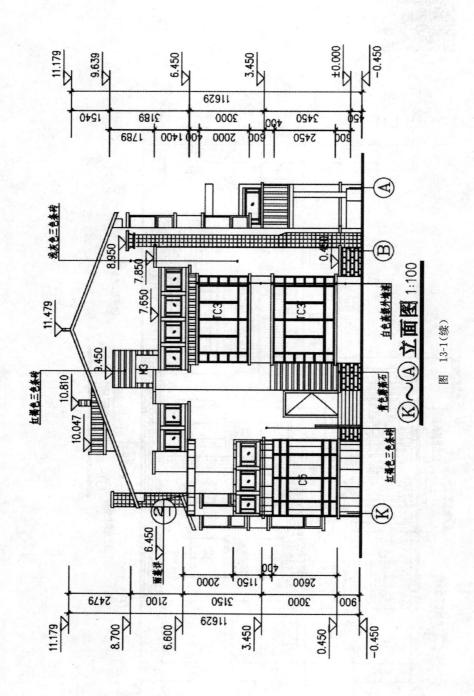

图 13-1(续)

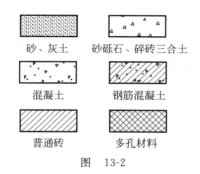

图 13-2

13.3 成 果 要 求

成果形式为 3 号图纸 1~2 张,钢笔墨线绘制,图纸内容及要求如下。

1. TC1、TC1′大样详图

按施工图指定窗所在位置完成详图绘制。布图时,要求按照顺序将 TC1、TC1′平面、立面(展开立面)依次绘制,并根据具体情况绘制相应的 a—a 断面节点详图。

2. 完成门窗表

完成门窗表(表 13-1)。

表 13-1 门窗表

类别	设计编号	洞口尺寸/mm		采用标准图集及樘数			备 注
		宽	高	图集代号	图集编号	樘数	
门	JM1	3000	2400				电动门(由用户自理)
	M1	800	2100				预留门洞
	M2	900	2100				预留门洞
	M3	1500	2400				预留门洞
	M4	1500	2400				乙级防火门多功能户门
	TLM1	1800	2200				预留门洞
窗	C1	400	2700				采用(5+6+5)白色 PVC 单框普通中空玻璃,要求气密性不低于《建筑外窗气密性能分级及检测方法》(GB 7107—2002)规定的 4 级。
	C2	900	1300				
	C2′	1500	900				
	C3	1200	1500				
	C4	1500	1500				
	C5	1620	2600				
	C6	2100	900				
	C7	960	1500				
	C8	1500	900				
	C9	1200	450				
	TC1	1800	1600				
	TC1′	1800	2100				
	TC2	2100	1800				
	TC2′	2100	2100				
	TC3	3600	2000				
	TC3′	3600	2450				
	TC4	1800	1800				

3. TC1、TC1′详图的绘制要求

（1）按 1∶20 比例完成 TC1、TC1′平面、立面（展开立面）详图绘制并确定 a—a 断面。

（2）a—a 断面详图。

① 详图范围：左边画出部分室内墙体，用折断线折断。

② 窗：窗台高 600，护栏高度 900，挑窗下方放置空调外机，面层为白色塑钢百叶。

13.4　参考工程案例

工程案例见表 13-2。

表 13-2　工程案例

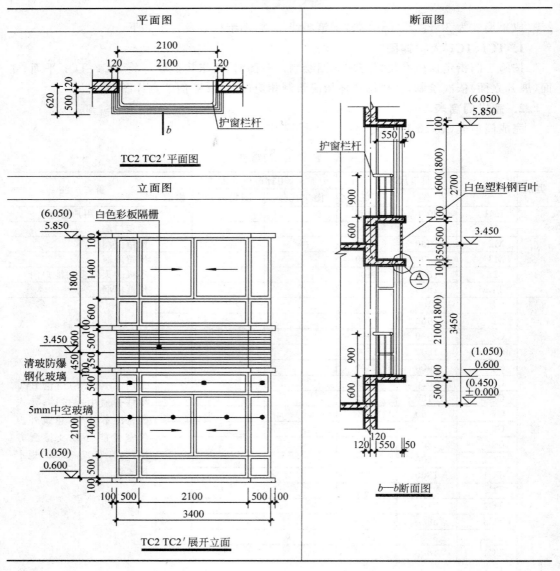

13.5 设计方法和步骤

1. 设计之前的准备

（1）熟悉设计任务书，理解本次设计的目的要求，并合理安排时间，按时完成设计。

（2）消化吸收所学过的理论知识，理论知识是一切实践性环节的基础。

（3）收集设计资料，设计时可以参考使用。学生在进行设计时，不要违背建筑设计规律，要严格按照建筑制图规范制图。

（4）理论联系实际，多参加一些工程实践，以使设计满足实际施工的需要。

2. 设计方法和步骤

注意图面布图合理而不局促。

注意线型的合理运用。在节点详图中，被剖到的墙体以及过梁结构外轮廓线用粗实线绘制；被剖到的各种材料外轮廓线等用中实线绘制；其余线条用细实线绘制。注意以上三种线型的对比要分明。

设计步骤大体如下（以门套节点图为例）。

（1）选定比例、定图幅。

（2）绘制 TC1、TC1′平面，标注窗洞尺寸及构造尺寸。

（3）绘制出 TC1、TC1′展开立面，标注构造尺寸，标注标高。

（4）绘制 a—a 剖面，进行有关的尺寸或文字标注。

（5）标注图名、比例。

13.6 考 核 方 案

考核方案见表 13-3。

表 13-3 "窗构造设计"专项能力训练考核表

序号	学生姓名	考核方式	评价内容及能力要求				评分	权重	成绩
			出勤率	训练表现	训练内容质量及成果	问题答辩			
			只扣分不加分	10分	60分	30分			
			1. 迟到一次扣2分，旷课一次扣5分 2. 缺课1/3学时以上该专项能力不记分	1. 学习态度端正(4) 2. 积极思考问题、动手能力强(6)	1. 满足任务书要求(20) 2. 符合国家有关制图标准要求（尺寸标注齐全、字体端正整齐、线型粗细分明）(10) 3. 构造合理可行、图面表达清晰、图示内容表达完善(20) 4. 运用科学方法，构造合理可行(10)	1. 正确回答问题(20) 2. 结合实践、灵活运用(10)			
1	×××	学生自评						30%	
		学生互评						30%	
		教师评阅						40%	

实训 *14* 阳台、雨棚构造设计

14.1 实训目的与要求

阳台、雨棚构造设计是施工图表达的内容之一。学生通过学习本实训,了解阳台、雨棚材料及构造大样设计,掌握基本设计知识点,训练绘制施工图的能力。

(1) 初步了解阳台、雨棚的构造知识。

(2) 掌握在建筑剖面上阳台和雨棚构造要求及常见做法。

(3) 掌握如何从建筑施工图的角度表达建筑剖面详图。

(4) 学会在分析问题的过程中,寻求解决方案,如知识的自我完善,工程实践的基本处理方案。

14.2 设 计 任 务

根据以下条件,完成建筑阳台及雨棚的构造节点设计。

(1) 某高层公寓楼平面图(图 14-1),框架结构。根据此图进行构造详图设计。

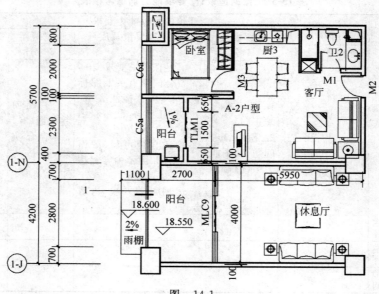

图 14-1

（2）阳台及雨棚采用现浇钢筋混凝土楼板和现浇梁,雨棚兼防坠落挑板。

（3）雨棚采取自由落水组织方式。

（4）雨棚板厚为 200mm,阳台板厚为 100mm,外梁高为 600mm。

（5）阳台栏杆做法如下。

· 竖向栏杆杆件采用 60mm×3mm 方钢,刷深灰色油漆;底部采取焊接方式连接。

· 水平扶手采用 70mm×3mm 方钢扶手刷深灰色油漆。

· 栏板为 12mm 厚钢化玻璃。

14.3 成 果 要 求

成果形式为 A3 号图纸一张,钢笔墨线绘制,图纸内容及要求如下。

1. 阳台及雨棚剖面节点详图

画出 1-1 剖切位置的节点详图,即阳台和雨棚节点详图。

2. 阳台及雨棚构造设计节点详图的绘制要求

（1）比例为 1∶10。

（2）材质:根据所给材质,在详图中用材料符号表示出来。

（3）标注相关的构造尺寸。

14.4 设计方法和步骤

1. 设计之前的准备

（1）熟悉设计任务书,理解本次设计的目的要求,合理安排时间,按时完成设计。

（2）消化吸收所学过的理论知识,理论知识是一切实践性环节的基础。

（3）收集设计资料,设计时可以参考使用。学生在进行设计时,不要违背建筑设计规律,要严格按照建筑制图规范制图。

（4）理论联系实际,多参加一些工程实践锻炼,以使设计满足实际施工的需要。

2. 设计方法和步骤

注意整个图面布图合理而不局促。

注意线条的合理运用。在节点详图中,被剖到的楼板以及过梁结构外轮廓线用粗实线绘制;其余线条用细实线绘制。注意以上线型的对比要分明。

设计步骤大体如下。

（1）先找到剖切位置所在的轴线。

（2）沿轴线画出墙线;根据图中所示条件画出外梁、楼板以及雨棚板的高度,再在墙内外画出装修层次。

（3）按标高画出墙体室内外楼面等构造。

（4）根据图中条件画出栏杆的高度及构造设计。

（5）进行有关的尺寸或文字标注。

（6）标注图名、比例。

14.5 考 核 方 案

考核方案见表 14-1。

表 14-1 "阳台、雨棚构造设计"专项能力训练考核表

序号	学生姓名	考核方式	评价内容及能力要求				评分	权重	成绩
			出勤率	训练表现	训练内容质量及成果	问题答辩			
			只扣分不加分	10分	60分	30分			
			1. 迟到一次扣2分，旷课一次扣5分 2. 缺课1/3学时以上该专项能力不记分	1. 学习态度端正(4) 2. 积极思考问题、动手能力强(6)	1. 满足任务书要求(20) 2. 符合国家有关制图标准要求(尺寸标注齐全、字体端正整齐、线型粗细分明)(10) 3. 构造合理可行、图面表达清晰、图示内容表达完善(20) 4. 运用科学方法，构造合理可行(10)	1. 正确回答问题(20) 2. 结合实践、灵活运用(10)			
1	×××	学生自评						30%	
		学生互评						30%	
		教师评阅						40%	

实训 15 无障碍卫生间构造设计

15.1 实训目的与要求

无障碍卫生间构造设计是施工图设计的重要内容之一。通过本实训,了解无障碍卫生间的具体细节设计,掌握基本设计知识点,训练绘制施工图的能力。

(1) 初步了解无障碍设计的基本概念和重要知识点。

(2) 掌握如何进行无障碍卫生间的平面布局。

(3) 掌握无障碍卫生间的细部构造尺寸要求及轮播回转半径设计。

(4) 学会在分析问题的过程中,寻求解决方案,如知识的自我完善,工程实践的基本处理方案。

15.2 设 计 任 务

根据以下条件,完成无障碍出入口及无障碍卫生间(图 15-1)的平面布局设计,踏步和坡道设计要求如下。

(1) 踏步宽和高:踏步宽不小于 280mm,踏步高不超过 150mm,不低于 100mm。

(2) 残疾人坡道净宽不小于 1200mm。

(3) 坡道两边 900mm 高处应设有扶手。

(4) 扶手应保持连续。

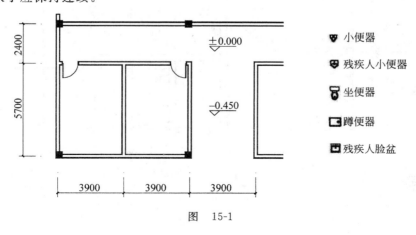

图 15-1

（5）扶手在楼梯起点与终点处应水平延伸 300mm 以上。

（6）扶手与墙间距离为 38mm。

（7）坡道、扶手按照规范要求画出。

15.3 成 果 要 求

成果形式为 A2 号图纸一张，钢笔墨线绘制，图纸内容及要求如下。

（1）无障碍卫生间详图设计 1∶50。

（2）标注相关的构造尺寸。

15.4 参考工程案例

工程案例见表 15-1。

表 15-1 工程案例

1 型平面

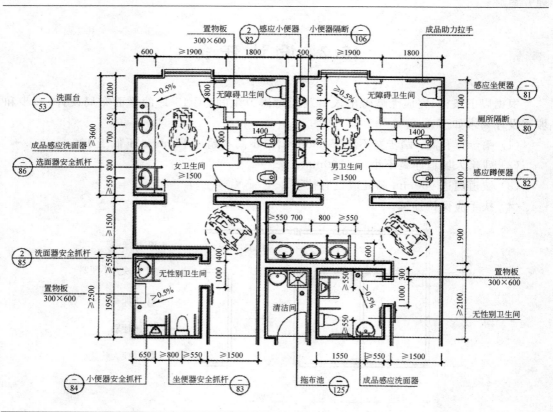

续表

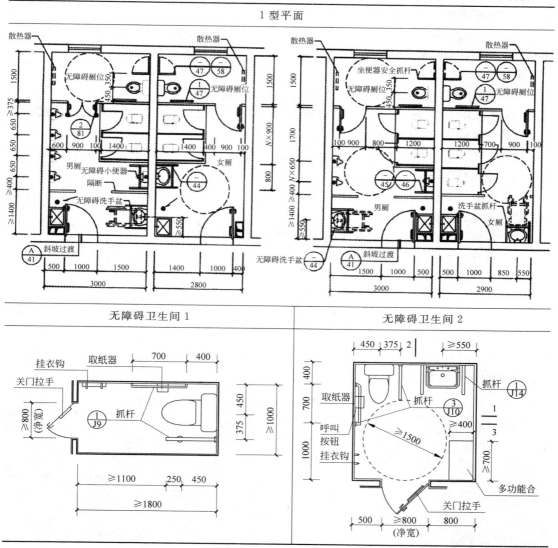

1 型平面

无障碍卫生间 1

无障碍卫生间 2

15.5 设计之前的准备和方法、步骤

1. 设计之前的准备

（1）熟悉设计任务书，理解本次设计的目的要求，并合理安排时间，按时完成设计。

（2）消化吸收所学过的理论知识，理论知识是一切实践性环节的基础。

（3）收集设计资料，设计时可以参考使用。学生在进行设计时，不要违背建筑设计规律，要严格按照建筑制图规范制图。

（4）理论联系实际，多参加一些工程实践锻炼，以使设计满足实际施工的需要。

2. 设计方法、步骤

注意图面布图合理而不局促。

注意线条的合理运用。在平面布置图中,墙体用粗实线绘制;其余线条用细实线绘制。注意以上线型的对比要分明。

设计步骤大体如下。

(1)先按照规定比例将卫生间平面中的墙体和门窗画好。

(2)根据所给条件绘制出入口的台阶踏步及残疾人坡道,注意残疾人坡道的坡度和坡长的比值计算问题,按要求绘制好坡道两侧的扶手线。

(3)按要求完成公共盥洗区洗手台及台盆的布置,设置一个残疾人专用台盆位,台盆两侧增设安全抓杆。

(4)根据图中所给尺寸绘制普通蹲位及残疾人专用蹲位,确定蹲位的尺寸及个数,注意通道必须满足轮椅的回转及通行。

(5)在男、女卫中分别布置拖布池,并绘制地漏及排水方向。

(6)进行有关的尺寸或文字标注。

(7)标注图名、比例。

15.6　考核方案

考核方案见表15-2。

表15-2　"无障碍卫生间构造设计"专项能力训练考核表

序号	学生姓名	考核方式	评价内容及能力要求				评分	权重	成绩
			出勤率	训练表现	训练内容质量及成果	问题答辩			
			只扣分不加分	10分	60分	30分			
			1. 迟到一次扣2分,旷课一次扣5分 2. 缺课1/3学时以上该专项能力不记分	1. 学习态度端正(4) 2. 积极思考问题、动手能力强(6)	1. 满足任务书要求(20) 2. 符合国家有关制图标准要求(尺寸标注齐全、字体端正整齐、线型粗细分明)(10) 3. 构造合理可行、图面表达清晰、图示内容表达完善(20) 4. 运用科学方法,构造合理可行(10)	1. 正确回答问题(20) 2. 结合实践、灵活运用(10)			
1	×××	学生自评						30%	
		学生互评						30%	
		教师评阅						40%	

参 考 文 献

[1] 高祥生.室内装饰装修构造图集[M].北京：中国建筑工业出版社,2011.

[2] 康海飞.室内设计资料图集[M].北京：中国建筑工业出版社,2016.

[3] 季敏.建筑制图与构造基础[M].北京：机械工业出版社,2007.

[4] 赵研.建筑构造[M].北京：中国建筑工业出版社,2000.

[5] 樊振和.建筑构造原理与设计[M].天津：天津大学出版社,2004.

[6] 中南地区建筑标准设计协作组办公室.中南地区建筑标准设计建筑图集[M].北京：中国建筑工业出版社,2011.

[7] 李世华,罗桂莲.园林工程[M].北京：中国建筑工业出版社,2015.